计算机基础课程系列教材

大学计算机基础实验

陈明 王锁柱 主编

赵秀梅 李艳玲 刘铭 李猛坤 等编著

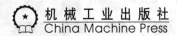

机械工业出版社

China Machine Press

图书在版编目（CIP）数据

大学计算机基础实验 / 陈明，王锁柱主编 . —北京：机械工业出版社，2013.10（2015.7 重印）
（计算机基础课程系列教材）

ISBN 978-7-111-44083-3

Ⅰ. 大…　Ⅱ.① 陈…　② 王…　Ⅲ. 电子计算机 – 高等学校 – 教学参考资料　Ⅳ. TP3

中国版本图书馆 CIP 数据核字（2013）第 219626 号

　　本书是《大学计算机基础》配套的实验教材，实验内容与主教材紧密配合。全书共分为 7 章，主要涉及计算机基础、操作系统、Word 2010、Excel 2010、PowerPoint 2010、计算机网络、多媒体技术等方面的实验。

　　本书适合作为《大学计算机基础》的配套教材，也可以作为独立的实验教材使用。

机械工业出版社（北京市西城区百万庄大街 22 号　　邮政编码　100037）
责任编辑：余　洁
北京盛兰兄弟印刷装订有限公司印刷
2015 年 7 月第 1 版第 3 次印刷
185mm×260mm · 8.5 印张
标准书号：ISBN 978-7-111-44083-3
定价：22.00 元

凡购本书，如有缺页、倒页、脱页，由本社发行部调换
客服热线：(010) 88378991　88361066　　　　投稿热线：(010) 88379604
购书热线：(010) 68326294　88379649　68995259　　读者信箱：hzjsj@hzbook.com

计算机基础课程系列教材

大学计算机基础实验

陈明 王锁柱 主编

赵秀梅 李艳玲 刘铭 李猛坤 等编著

机械工业出版社
China Machine Press

图书在版编目（CIP）数据

大学计算机基础实验/陈明，王锁柱主编.—北京：机械工业出版社，2013.10（2015.7 重印）
（计算机基础课程系列教材）

ISBN 978-7-111-44083-3

Ⅰ.大…　Ⅱ.①陈…　②王…　Ⅲ.电子计算机–高等学校–教学参考资料　Ⅳ.TP3

中国版本图书馆 CIP 数据核字（2013）第 219626 号

　　本书是《大学计算机基础》配套的实验教材，实验内容与主教材紧密配合。全书共分为 7 章，主要涉及计算机基础、操作系统、Word 2010、Excel 2010、PowerPoint 2010、计算机网络、多媒体技术等方面的实验。

　　本书适合作为《大学计算机基础》的配套教材，也可以作为独立的实验教材使用。

机械工业出版社（北京市西城区百万庄大街 22 号　　邮政编码　100037）

责任编辑：佘　洁

北京盛兰兄弟印刷装订有限公司印刷

2015 年 7 月第 1 版第 3 次印刷

185mm×260mm · 8.5 印张

标准书号：ISBN 978-7-111-44083-3

定价：22.00 元

前　言

大学计算机基础是高等院校非计算机类专业的一门基础课，对培养大学生的学习能力、学科能力、实践能力和创新能力均具有重要的作用。在当今信息时代，能够熟练地使用计算机是现代大学生走向社会必备的基本技能之一，而大学计算机基础是一门实践性很强的学科，因此计算机应用能力的培养和提高离不开大量的上机实验的支持。为了配合大学计算机基础课程的学习，强化实践动手能力的培养，我们编写了本书。

本书是与《大学计算机基础》（ISBN: 978-7-111-43767-3）配套的实验指导教材，实验内容与主教材紧密配合，相辅相成。本书汇聚了多年从事计算机基础课程教学的任课教师的教学经验与研究成果，在实验内容的选取上，注重了先进性、实践性与综合性，坚持了面向应用、强调操作能力培养和综合应用的原则，目的是加深读者对计算机理论知识的理解，使读者能够快速地掌握操作系统、办公软件、多媒体技术以及网络环境下的计算机应用技术等。本书主要涉及计算机基础、操作系统、Word 2010、Excel 2010、PowerPoint 2010、计算机网络和多媒体技术等方面的实验。

为了便于教师使用本教材，本书配有电子教案和相关教学资料，可登录华章网站（www.hzbook.com）免费下载。

全书共 7 章，第 1 章由长治学院赵秀梅编写，第 2 章由首都师范大学张媛编写，第 3 章由北京警察学院魏喆、蔡家艳编写，第 4 章由北京警察学院李雅楠、魏喆编写，第 5 章由长治学院吴海霞编写，第 6 章由北京警察学院佟晖、武鸿浩编写，第 7 章由首都师范大学李猛坤编写。全书由陈明、王锁柱、李艳玲、李猛坤、刘铭负责总体策划和统稿工作。

在本书的策划过程中，中央民族大学的曹永存教授和北京石油化工学院的刘建东教授参加了多次讨论并提出了许多有益的建议，在此表示衷心的感谢。机械工业出版社华章公司的温莉芳女士对本书的出版给予了大力支持，佘洁编辑对本书的修改提出了许多宝贵的意见，在此一并表示感谢！

由于作者水平有限，书中不足之处在所难免，敬请读者批评指正。

编　者
2013 年 8 月

教 学 建 议

教学章节		教学要求	课时
第1章 计算机基础	实验一 计算机的硬件组成	熟练掌握计算机的启动与关闭 熟悉计算机的基本硬件组成 掌握常用输入设备、输出设备、存储设备的用法	1
	实验二 熟悉键盘与指法练习	熟悉键盘布局及掌握键盘上各键的功能和使用 熟悉用指法输入英文与中文 掌握中英文指法练习软件的使用	1
第2章 操作系统	实验一 Windows 7基础操作	掌握 Windows 7 的启动与关闭 了解 Windows 7 桌面的组成，掌握桌面对象、快捷方式的建立和删除，掌握鼠标的操作方法 学习使用"我的电脑"与"资源管理器"浏览计算机 掌握任务栏和"开始"菜单的设置与使用 了解任务管理器的使用 掌握回收站的使用	0.5
	实验二 文件和文件夹管理	掌握文件夹的建立和删除 掌握文件和文件夹属性的设置 掌握文件的复制和删除 掌握文件和文件夹的查找方法	0.5
	实验三 Windows的其他操作	掌握控制面板的使用 掌握磁盘碎片整理程序的使用方法	1
第3章 Word 2010	实验一 Word 2010的基本操作	掌握 Word 2010 中文字输入和编辑的方法 掌握 Word 2010 基本排版操作 掌握在 Word 2010 中插入和编辑图片的基本技巧	1~2
	实验二 Word 2010的高级应用	掌握 Word 2010 中审阅文档的应用技巧 掌握 Word 2010 排版的高级应用技巧 掌握 Word 2010 长文档的编辑应用技巧 掌握 Word 2010 表格的应用技巧	1~3
	实验三 Word 2010综合实验	熟练掌握 Word 2010 中各常用功能在综合性案例中的应用	2
第4章 Excel 2010	实验一 电子表格的基本操作	掌握工作表和工作簿的基本操作方法 理解并掌握数据安全和打印设置方法 掌握数据输入、格式设置和冻结窗格的方法 掌握条件格式、有效性和隐藏单元格的方法	1
	实验二 数据处理	掌握公式的使用 理解并掌握单元格及单元格区域的引用 掌握函数的使用	0.5~1
	实验三 数据分析	掌握数据的排序、筛选和分类汇总 掌握图表在数据分析中的应用	0.5~1
	实验四 嵌套函数的应用	巩固常用函数的使用方法 理解并掌握嵌套函数在解决实际问题中的应用	0.5~1

（续）

教学章节		教学要求	课时
第 4 章　Excel 2010	实验五　灵活运用数据透视表和透视图	掌握数据透视表和数据透视图的基本使用方法 掌握数据透视表和数据透视图的操作实战技巧	0.5~1
	实验六　VBA 实例应用	掌握宏和 VBA 的基础应用方法（要求学生有一定的 VB 编程语言基础，建议作为选做实验）	0~2 （选做）
	实验七　Excel 2010 综合实验	熟练掌握 Excel 中各种常用功能在综合性案例中的应用	1
第 5 章　PowerPoint 2010	实验一　PowerPoint 2010 的基本操作	掌握 PowerPoint 2010 的启动和退出方法 熟悉 Ribbon 菜单的特色和操作方式 掌握演示文稿的创建、编辑、保存和放映方法 掌握幻灯片的复制、移动、删除等基本操作	0.5
	实验二　幻灯片视图和母版视图	了解 PowerPoint 2010 各种幻灯片的视图方式和作用并掌握相关操作 掌握 PowerPoint 2010 母版视图的作用和设置方法	0.5
	实验三　在幻灯片中插入文本框、图形、图片和音频	掌握在幻灯片中插入文本和图形的方法 掌握在幻灯片中插入图片和音频文件的方法	0.5~1
	实验四　在幻灯片中插入特殊符号和数学公式	掌握在幻灯片中插入特殊符号的方法 掌握在幻灯片中插入数学公式的方法	0.5~1
	实验五　在幻灯片中插入基本图形和 SmartArt 图形	巩固幻灯片母版的设计方法 掌握在幻灯片中插入基本图形的方法 掌握在幻灯片中插入 SmartArt 图形的方法 掌握对多个图形的组合设置	1
	实验六　插入和编辑超链接	掌握对幻灯片文本设置超链接 掌握设置动作按钮的方法 掌握修改、编辑、复制和删除超链接	0.5
	实验七　幻灯片切换和动画设置	巩固幻灯片母版的设计方法 掌握设计幻灯片主题的方法 熟练插入各种图形、图片、音乐文件 掌握幻灯片切换和动画设置方法	0.5
	实验八　幻灯片综合设计	巩固幻灯片的创建、编辑、移动等基本操作 熟练掌握插入和设置文本框、基本图形和 SmartArt 等对象的方法 巩固设置超链接的方法 学习设计动作路径的方法 熟练掌握动画设计和幻灯片切换的方法	1
第 6 章　计算机网络	实验一　组建局域网	了解网络设备 学会网络结构设计 掌握综合布线方法 掌握测试网络连通方法	1
	实验二　网络配置	了解常用网络命令 学会配置 IP 地址 掌握网络环境测试命令	0~1 （选做）
	实验三　常用网络服务的使用	掌握网络资源共享方法 掌握远程控制桌面的使用 掌握点对点的文件传输方法 掌握常用搜索引擎的使用	1

（续）

教学章节		教学要求	课时
第7章　多媒体技术	实验一　Photoshop 形状工具及图层样式的使用	掌握 Photoshop 基本画布的创建和基本工具的使用 掌握 Photoshop 图层概念和图层的运用 掌握 Photoshop 图层样式的使用	1~2
	实验二　Photoshop 选区工具及图层蒙版的使用	掌握 Photoshop 基本选区工具的使用 掌握 Photoshop 图层蒙版的创建和使用 利用图层蒙版技巧实现图像抠图	2~3
	实验三　使用 Photoshop CS6 的"动作"命令实现批量处理	了解 Photoshop CS6 中批量图形处理的基本条件 掌握 Photoshop CS6 中基本功能的使用 掌握 Photoshop CS6 中动作的创建和保存 掌握使用"动作"命令实现批量处理	2~3
	总课时	第 1~7 章建议课时	24~36
		个别章节及选做实验请根据学生的基础情况及课时安排进行取舍，建议本门课程的总课时不低于 18 课时	

说明：建议所有实验均在多媒体机房内完成，注重讲解－练习－答疑相结合。

（续）

教学章节		教学要求	课时
第 4 章 Excel 2010	实验五 灵活运用数据透视表和透视图	掌握数据透视表和数据透视图的基本使用方法 掌握数据透视表和数据透视图的操作实战技巧	0.5~1
	实验六 VBA 实例应用	掌握宏和 VBA 的基础应用方法（要求学生有一定的 VB 编程语言基础，建议作为选做实验）	0~2 （选做）
	实验七 Excel 2010 综合实验	熟练掌握 Excel 中各常用功能在综合性案例中的应用	1
第 5 章 PowerPoint 2010	实验一 PowerPoint 2010 的基本操作	掌握 PowerPoint 2010 的启动和退出方法 熟悉 Ribbon 菜单的特色和操作方式 掌握演示文稿的创建、编辑、保存和放映方法 掌握幻灯片的复制、移动、删除等基本操作	0.5
	实验二 幻灯片视图和母版视图	了解 PowerPoint 2010 各种幻灯片的视图方式和作用并掌握相关操作 掌握 PowerPoint 2010 母版视图的作用和设置方法	0.5
	实验三 在幻灯片中插入文本框、图形、图片和音频	掌握在幻灯片中插入文本和图形的方法 掌握在幻灯片中插入图片和音频文件的方法	0.5~1
	实验四 在幻灯片中插入特殊符号和数学公式	掌握在幻灯片中插入特殊符号的方法 掌握在幻灯片中插入数学公式的方法	0.5~1
	实验五 在幻灯片中插入基本图形和 SmartArt 图形	巩固幻灯片母版的设计方法 掌握在幻灯片中插入基本图形的方法 掌握在幻灯片中插入 SmartArt 图形的方法 掌握对多个图形的组合设置	1
	实验六 插入和编辑超链接	掌握对幻灯片文本设置超链接 掌握设置动作按钮的方法 掌握修改、编辑、复制和删除超链接	0.5
	实验七 幻灯片切换和动画设置	巩固幻灯片母版的设计方法 掌握设计幻灯片主题的方法 熟练插入各种图形、图片、音乐文件 掌握幻灯片切换和动画设置方法	0.5
	实验八 幻灯片综合设计	巩固幻灯片的创建、编辑、移动等基本操作 熟练掌握插入和设置文本框、基本图形和 SmartArt 等对象的方法 巩固设置超链接的方法 学习设计动作路径的方法 熟练掌握动画设计和幻灯片切换的方法	1
第 6 章 计算机网络	实验一 组建局域网	了解网络设备 学会网络结构设计 掌握综合布线方法 掌握测试网络连通方法	1
	实验二 网络配置	了解常用网络命令 学会配置 IP 地址 掌握网络环境测试命令	0~1 （选做）
	实验三 常用网络服务的使用	掌握网络资源共享方法 掌握远程控制桌面的使用 掌握点对点的文件传输方法 掌握常用搜索引擎的使用	1

（续）

教学章节		教学要求	课时
第7章　多媒体技术	实验一　Photoshop 形状工具及图层样式的使用	掌握 Photoshop 基本画布的创建和基本工具的使用 掌握 Photoshop 图层概念和图层的运用 掌握 Photoshop 图层样式的使用	1~2
	实验二　Photoshop 选区工具及图层蒙版的使用	掌握 Photoshop 基本选区工具的使用 掌握 Photoshop 图层蒙版的创建和使用 利用图层蒙版技巧实现图像抠图	2~3
	实验三　使用 Photoshop CS6 的"动作"命令实现批量处理	了解 Photoshop CS6 中批量图形处理的基本条件 掌握 Photoshop CS6 中基本功能的使用 掌握 Photoshop CS6 中动作的创建和保存 掌握使用"动作"命令实现批量处理	2~3
	总课时	第 1~7 章建议课时	24~36
		个别章节及选做实验请根据学生的基础情况及课时安排进行取舍，建议本门课程的总课时不低于 18 课时	

说明：建议所有实验均在多媒体机房内完成，注重讲解 – 练习 – 答疑相结合。

目　　录

目　　录

第 1 章　计算机基础

实验一　计算机的硬件组成

【实验目的】

　　1. 熟练掌握计算机的启动与关闭。

　　2. 熟悉计算机的基本硬件组成。

　　3. 掌握常用输入设备、输出设备、存储设备的用法。

【实验内容】

　　1. 计算机的启动与关闭

　　1）开机过程即是给计算机加电的过程。一般情况下，计算机硬件设备需加电的有显示器和主机。由于电器设备在通电的瞬间会产生电磁干扰，这对附近正在运行的电器设备会产生电流冲击，因此开机过程的要求是：先开显示器电源开关，其指示灯亮表明通电正常；再开主机电源开关，给主机加电。

　　2）关闭计算机。关机过程即是给计算机断电的过程，这一过程正好与开机过程相反。关机过程的要求是：先将运行的所有应用软件正常退出，回到 Windows 操作系统桌面后，再将鼠标指向屏幕左下角的"开始"按钮并单击，在弹出的"开始"菜单中选择右下角的"关闭计算机"命令，如图 1-1 所示，在弹出的"关闭计算机"对话框中单击"关闭"选项，计算机系统会自动关闭主机电源，最后再关闭显示器电源。

图 1-1　"开始"菜单及"关闭计算机"菜单项

2. 计算机的硬件组成

1）计算机的主要硬件组成如图 1-2 所示。

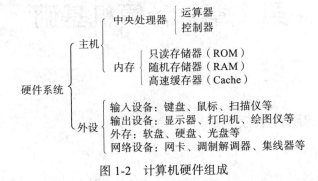

图 1-2　计算机硬件组成

2）其中主机的中央处理器（CPU）和主存储器如图 1-3 所示。

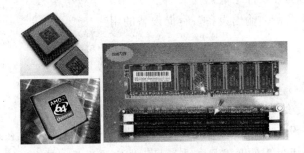

图 1-3　CPU 及主存储器

3）外部设备如图 1-4 所示。

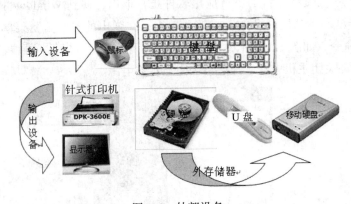

图 1-4　外部设备

实验二　熟悉键盘与指法练习

【实验目的】

1. 熟悉键盘布局及掌握键盘上各键的功能和使用。

第1章　计算机基础

实验一　计算机的硬件组成

【实验目的】

1. 熟练掌握计算机的启动与关闭。
2. 熟悉计算机的基本硬件组成。
3. 掌握常用输入设备、输出设备、存储设备的用法。

【实验内容】

1. 计算机的启动与关闭

1）开机过程即是给计算机加电的过程。一般情况下，计算机硬件设备需加电的有显示器和主机。由于电器设备在通电的瞬间会产生电磁干扰，这对附近正在运行的电器设备会产生电流冲击，因此开机过程的要求是：先开显示器电源开关，其指示灯亮表明通电正常；再开主机电源开关，给主机加电。

2）关闭计算机。关机过程即是给计算机断电的过程，这一过程正好与开机过程相反。关机过程的要求是：先将运行的所有应用软件正常退出，回到 Windows 操作系统桌面后，再将鼠标指向屏幕左下角的"开始"按钮并单击，在弹出的"开始"菜单中选择右下角的"关闭计算机"命令，如图 1-1 所示，在弹出的"关闭计算机"对话框中单击"关闭"选项，计算机系统会自动关闭主机电源，最后再关闭显示器电源。

图 1-1　"开始"菜单及"关闭计算机"菜单项

2. 计算机的硬件组成

1）计算机的主要硬件组成如图 1-2 所示。

图 1-2   计算机硬件组成

2）其中主机的中央处理器（CPU）和主存储器如图 1-3 所示。

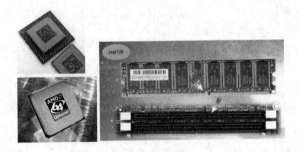

图 1-3   CPU 及主存储器

3）外部设备如图 1-4 所示。

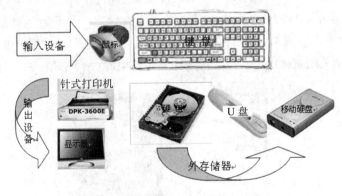

图 1-4   外部设备

实验二   熟悉键盘与指法练习

【实验目的】

1. 熟悉键盘布局及掌握键盘上各键的功能和使用。

2. 熟悉用指法输入英文与中文。

3. 掌握中英文指法练习软件的使用。

【实验内容】

1. 认识键盘

（1）姿势

初学使用键盘进行输入时，首先必须注意的是击键的姿态，然后才是指法的正确练习。如果初学时姿势不正确，就不能做到快速而准确的输入，也容易疲劳。正确的姿势是：

1）坐姿要端正，上身挺直，双肩平放，肌肉放松，两脚自然平放于地面，手臂不要张开太大，身体微向前倾，人体与计算机键盘的距离为 20 cm 左右；切不可弯腰驼背，随意歪斜。

2）两肘微垂，轻轻贴于腋下，肘与腰部的距离为 5 ~ 10 cm，小臂与手腕略向上倾斜（但手腕不可拱起），手腕与键盘的下边框应保持 1 cm 的距离。

3）手掌与键盘的斜度平行；手指略弯曲，自然下垂，手指轻放于规定的基准键上，左右手的拇指虚放在空格键上。

4）眼睛看屏幕，显示器放于目光平视的高度，切勿常看键盘。原稿在键盘左或右放置，便于阅读。如图 1-5 所示。

图 1-5　打字姿势

（2）指法

指法就是指按键的手指分工。键盘的排列是根据字母在英文打字中出现的频率而精心设计的，正确的指法可以提高手指击键的速度，同时也可提高文字的输入速度。如图 1-6 所示。

指法要点：

1）严格遵守分工原则。

2）手腕要平直，手臂要保持静止，全部动作仅限于手指部分。

3）手指要保持弯曲，且弯曲要自然，稍微拱起，指尖后的第一关节微成弧形，分别轻轻放在键的中央，拇指轻置于空格键上；并且手指击键要正确，击键有适当力度。

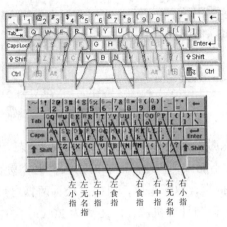

图 1-6 指法

4）输入时手抬起，只有要击键的手指可伸出击键。击毕立即缩回到基准键位置，不可停留在刚才打击的键上。

5）需要换行时，抬起右手小指击一次 Enter 键，击后回到基准键上；用拇指击空格键，一次输入一个空格。

6）击键有节奏，速度均匀，要用相同的节拍轻轻地击键，不可用力过猛。

7）按步练习，一开始要一个手指一个手指地练，最终实现盲打。

（3）键盘功能

键盘是人与计算机打交道的必不可少的设备。各种命令、程序、数据的输入，包括文字的录入都离不开键盘。键盘分区如图 1-7 所示。

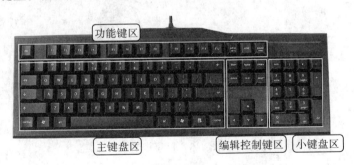

图 1-7 键盘分区

键盘由 4 个部分组成（主键盘区、功能键区、编辑控制键区、小键盘区）。

1）功能键区：F1 ~ F12，每一个功能键往往对应一串字符，不同软件中功能键的定义不相同。

2）主键盘区：分为字符键和控制键两类。

• 字符键：每按一次字符键，屏幕显示一个对应的字符。

• 控制键：常用的控制键如表 1-1 所示。

3）小键盘区：小键盘区的数字都有双重功能。开机后"Num Lock"指示灯亮，这时按每个数字键，均可显示数字。当"Num Lock"指示灯熄灭时，小键盘上的 2、4、6、8 等键

【实验内容】

变成了控制光标移动的键。

表 1-1　常用控制键

控制键	说　明	控制键	说　明
Enter 键	回车键	Shift 键	上下档换档键
Caps Lock 键	大小写字母锁定键	空格键	输入空格
Backspace 键	退格键	Ctrl 键	控制键
Esc 键	强行退出键	Tab 键	标记键，制表键

4）编辑控制键区见表 1-2 所示。

表 1-2　编辑控制键区

编辑控制键	说　明	编辑控制键	说　明
Insert 键	插入转换键	Delete 键	删除光标所在处字符
Home 键	把光标移到所在行的开始位置	End 键	把光标移到所在行的末尾
Page UP 键	显示上一页的内容	Page Down 键	显示下一页的内容

（4）小键盘

小键盘的基准键位是 4、5、6，分别由右手的食指、中指和无名指负责。在基准键位基础上，小键盘左侧自上而下的 7、4、1 三键由食指负责，同理中指负责 8、5、2，无名指负责 9、6、3 和 .，右侧的 –、+、← 由小指负责，拇指负责 0。小键盘指法分布图如图 1-8 所示。

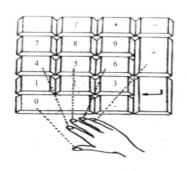

图 1-8　小键盘指法图

2. 输入法简介

汉字信息处理的重要环节是汉字编码的输入方法。当今已有数千种汉字编码方案，其中已经实现了商品化的也有几十种。这些编码方案，有的以字形为基础来编码，有的以字音为基础来编码，有的以形、音、义三者结合来编码，也有的以数字来编码。编码又可分为一字一码（字码一一对应）、一字多码和多字一码（重码）等形式。由于计算机键盘是使用最广泛的设备，所以大多数的汉字编码都借助西文键盘来录入汉字。目前具有汉字处理功能的计算机一般都收入了几种编码方法，如五笔字型输入法、拼音法、国标区位码法等。常用的输入法，拼音有紫光华宇、微软拼音 2010、搜狗输入法、拼音加加等，五笔有极品五笔、念青五笔、王码五笔和海峰五笔等，综合输入法有逍遥笔、万能五笔等。首先我们要下载中文输入法的安装文件，进行安装后才能使用。

（1）删除输入法

在任务栏右端的输入法图标上右击鼠标，选择"设置"选项，即可打开"文字服务和输入语言"对话框，在"常规"选项卡下选择相应的输入法，再单击"删除"按钮即可将其删除。如果是安装的输入法软件，可以在"开始"→"所有程序"里找到安装的输入法选项，利用其提供的卸载功能进行删除。

（2）热键窍门

打开/关闭输入法：Ctrl+空格键，可以实现英文输入和中文输入法的切换。

输入法的切换：Ctrl+Shift键，通过它可在已安装的输入法之间进行切换。

给某个输入法设置热键：打开"控制面板"→"时钟、语言和区域"→"区域和语言"，在"键盘和语言"选项卡中单击"更改键盘"，在弹出的对话框中选择"高级键设置"，在下拉列表中选择常用的输入法，再单击"更改按键顺序"按钮，在弹出的对话框中单击"启用按键顺序"复选框，再选择方便的按键方式即可，如图1-9所示。

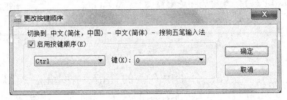

图 1-9　输入法热键设置

（3）输入法设置

1）智能ABC属性的设置。打开"控制面板"，选择"时钟、语言和区域"→"区域和语言"，在"键盘和语言"选项卡中单击"更改键盘"，在弹出的对话框中选择"常规"选项卡，选中"智能ABC输入法"后单击"属性"按钮，则弹出属性设置对话框：

① 风格设置。固定格式：状态窗、外码窗和候选窗的位置相对固定，不跟随插入符移动。光标跟随：外码窗和候选窗跟随插入符移动。

② 功能设置。词频调整：复选时具有自动调整词频功能。笔形输入：复选时具有纯笔形输入功能。

2）外码窗的编辑。智能ABC的外码窗允许输入字串可长达40个字符，能输入很长的词语，甚至短句。在输入过程中，可以使用光标移动键进行插入、删除、取消等操作。键位功能如表1-3所示。

表 1-3　键位功能

按　键	说　明	按　键	说　明
→键	右移光标	Delete 键	删除后一个字符
←键	左移光标	Esc 键	取消全部输入内容
↑键	光标移到输入字串头	-，+ [，] PageUp，PageDown	左边的按键是向前翻页，右边的按键是向后翻页
↓键	光标移到输入字串尾	数字键 1～9	在候选窗中选择候选结果
Backspace 键	删除前一个字符	Caps Lock 键	大写键

3）状态框组成：

① 中 / 英文切换按钮：有"A"和图案两个状态，"A"表示处于英文输入状态，图案表示处于中文输入状态。

② 输入法名称框：显示输入法名称，单击此框，有些输入法可以改变拼法。

③ 半角 / 全角切换按钮：半角方式为中西文混合方式，输入英文时占用一个字符空间，字体间隔比较小，输入中文时占用两个字符空间；全角方式为纯中文方式，不管输入中文还是英文都占用两个字符空间，英文字体间隔比较大。

④ 中 / 英文标点切换按钮：中文标点符号与英文标点符号不尽相同。同样的按键，中文状态为"《 》"、"￥"、"。"，而英文状态为"< >"、"$"、"."。

⑤ 软键盘按钮：软键盘在屏幕上显示时，用鼠标单击按键，可以代替手指击键。对着软键盘按钮右击鼠标，可以选择用于输入希腊文、俄文及单位符号、特殊符号的软键盘，这给输入特殊符号带来了方便。

第2章 操作系统

实验一 Windows 7 基础操作

【实验目的】

1. 掌握 Windows 7 的启动与关闭。

2. 了解 Windows 7 桌面的组成，掌握桌面对象、快捷方式的建立和删除，掌握鼠标的操作方法。

3. 使用"计算机"与"资源管理器"浏览计算机。

4. 掌握任务栏和"开始"菜单的设置与使用。

5. 了解任务管理器的使用。

6. 掌握回收站的使用。

【实验内容】

1. Windows 7 的启动与关闭

1）开启计算机，进入 Windows 7 系统，观察 Windows 7 系统桌面的组成。

2）关闭 Windows 7 系统。

2. 创建桌面快捷图标

1）将"开始"菜单程序中的 Microsoft Office Word 2010 发送到"桌面快捷方式"。

2）用鼠标的"拖曳"操作在桌面上移动 Microsoft Word 2010 的图标。

3）用鼠标的"双击"或"右键单击"打开 Microsoft Word 2010 窗口。

3. 用"计算机"和"资源管理器"查看 C 盘上的内容

1）双击打开桌面上的"计算机"或者"开始"菜单中的计算机，查看计算机 C 盘的总空间、已使用空间和根目录上的对象总数。

2）执行"开始→所有程序→附件→ Windows 资源管理器"命令，打开资源管理器窗口。单击左窗格中项目名旁边的加减号可扩展或收缩所包含的子项目。查看计算机上 C 盘总空间、已使用空间和根目录上的对象总数。

4. 设置、使用任务栏和"开始"菜单

1）执行"开始→文档"命令打开"文档"文件夹。

2）执行"开始→所有程序→附件→记事本"命令打开记事本应用程序窗口，当前窗口为记事本，观察任务栏中记事本图标。

3）通过单击任务栏上的图标，在记事本窗口和文档窗口间进行切换。

4）使用键盘上的 Tab+Windows 按键，用三维方式切换已打开的窗口。

5. 使用任务管理器

1）用多种方式打开任务管理器。

2）查看当前系统内存、CPU 使用情况。

3）查看当前运行的应用程序和进程数。

6. 使用回收站

1）删除桌面上的 Microsoft Word 2010 图标。选中 Microsoft Word 2010 图标，按 Del 键（或鼠标右键快捷菜单中的"删除"命令）。

2）恢复已删除的"Microsoft Word 2010"快捷方式。打开"回收站"，选中其中的"Microsoft Word 2010"图标，执行"文件→还原"命令。凡转移到回收站内的对象，只要回收站还保存这些信息，就可以恢复。

3）删除桌面上的"Microsoft Word 2010"图标，使之不可恢复。选中要删除的对象，用 Shift+Del 键或"删除"命令，被删除的对象将不进入回收站，即实现永久性删除。也可在回收站内执行"清空回收站"命令，彻底删除进入回收站的对象。

实验二　文件和文件夹管理

【实验目的】

1. 掌握文件夹的建立和删除。
2. 掌握文件和文件夹属性的设置。
3. 掌握文件的复制和删除。
4. 掌握文件和文件夹的查找方法。

【实验内容】

1. 新建文件夹和删除文件夹

1）使用资源管理器打开 C 盘，在根目录下鼠标左键单击"新建文件夹"菜单，新建一个名为"test1"的文件夹。

2）在资源管理器空白处单击鼠标右键，新建一个名为"test2"的文件夹。

3）同时选中"test1"和"test2"这两个文件夹。

4）删除"test1"和"test2"这两个文件夹。

2. 设置文件和文件夹属性

1）查看 C:\WINDOWS 文件夹的常规属性和所占用空间。

2）将文档中的任意一个文件的属性改为"隐藏"。

3. 复制文件和删除文件

1）打开资源管理器。

2）在 C 盘根目录中用鼠标右键新建一个文本文档，名为 mytext.txt。

3）用鼠标将 mytext.txt 拖曳到 C:\WINDOWS 中。

4）用鼠标将 mytext.txt 拖曳到 D 盘，观察 3）和 4）有何不同。

5）删除 C:\WINDOWS 下的 mytext.txt 文件。

4. 查找文件和文件夹

1）查找 C 盘上扩展名为 .doc 的文件或文件所在的文件夹。

2）查找 C 盘上包含 "Windows" 的所有文本文件。

3）查找名中包含 "Win" 的所有文件或文件夹。

实验三　Windows 7 的其他操作

【实验目的】

1. 掌握控制面板的使用。
2. 掌握磁盘碎片整理程序的使用方法。

【实验内容】

1. 更改屏幕分辨率

1）打开控制面板→外观和个性化，以调整屏幕分辨率。

2）调整分辨率为 1024×768，查看屏幕变化。

2. 系统帐户

1）打开控制面板→用户帐户和家庭安全→添加或删除用户帐户。

2）创建一个帐户类型为标准账户的新帐号 test。

3）为 test 帐户创建密码。

4）删除 test 帐户。

3. 磁盘碎片整理程序的使用

执行 "开始→所有程序→附件→系统工具→磁盘碎片整理程序" 命令运行磁盘碎片整理程序，整理磁盘碎片，使系统运行更快。

第 3 章　Word 2010

实验一　Word 2010 的基本操作

【实验目的】

1. 掌握在 Word 2010 中进行文字输入和编辑的方法。
2. 掌握 Word 2010 基本排版操作。
3. 掌握在 Word 2010 中插入和编辑图片的基本技巧。

【实验要求】

1）新建一个 Word 文档，输入如图 3-1 所示内容。

中国金花双双直落两盘取胜

本报巴黎 5 月 27 日电 （记者季芳）罗兰·加洛斯终于扫除了前两天的阴霾，洒下了初夏应有的灿烂阳光，也见证了李娜在 2013 年法网的首场胜利。面对西班牙选手加里奎斯，李娜沉着地以 2：0 战胜了对手。身着蓝色网球服的李娜冷静得像湖水一样，整场比赛没有怒吼，没有焦躁，即使在面对对手顽强的缠斗时，也依旧从容。经历了马德里站和罗马站的早早出局，来到法网的李娜让人感受到了变化。

与加里奎斯的本场较量几经波折，却有惊无险。比赛开始前，西班牙人算是占足了心理上的优势。加里奎斯的排名虽然在李娜之后，但是在红土上的实力却不可小觑。在大部分时候，她都扮演着“金花克星”的角色，更堪称李娜的梦魇。两人在此前的 5 次交手中，加里奎斯保持着 4 场胜利的优势，仅有的一场“败绩”是在去年澳网，加里奎斯受伤退赛。

“加里奎斯更适合红土的比赛，我和她以前的交手战绩并不好，所以我知道这会是非常艰难的比赛，”李娜说。赢下加里奎斯，对于李娜有许多特别的意义。在她交手过的世界排名前 50 位的选手中，加里奎斯是少数几个没有被李娜攻克的选手之一。这场胜利不仅打破了“魔咒”，更给了李娜信心。“第一轮比赛对每位选手来说都很重要，只有站到赛场上才会让自己以最快的速度进入状态。”

回到法网，李娜给了人们一种新的感觉。在打出精彩好球的时候，她会为自己加油喝彩，在比分落后时，她不再和自己过不去，而是认真地寻找突破的机会。每次丢分，李娜都会低下头，用左手摸摸球拍，这是她平复情绪时的习惯动作。

“从打球以来，我还有很多东西没有挑战过，现在我会在打球过程中努力地尝试和改变。”面对原本艰苦的比赛，李娜表现出了从容和淡然，这也许就是她正在经历的变化。抛弃焦躁，学着平和地去打球，教练卡洛斯让李娜逐渐沉稳起来。新的战术、新的融合，两人碰撞中的火花正在期待着一场爆发。

懂得改变从来都是一件美好的事情。站在法网赛场的李娜抛弃了此前失利的阴影和对对手的畏惧，成功晋级。对她来说，这场胜利只是一个美妙的开始，与其说战胜了对手，不如说她又一次战胜了自己。李娜下一轮的对手将是美国选手马泰克，李娜在双方的交手记录中以 2 战全胜领先。

本报巴黎 5 月 27 日电 （记者 季芳）27 日，中国选手郑洁迎来了自己在法网的首轮比赛。在与塞尔维亚小将多隆茨的对阵中，状态不错的郑洁以 6：4、6：1 直落两盘战胜对手，顺利晋级下一轮。在第二轮中，郑洁将与美国选手奥丁争夺晋级资格。

图 3-1　新建 Word 文档

2）将页边距设置为左 3 cm、右 2 cm、上 3 cm、下 2 cm，将纸张设为 A4，保存命名为“新闻稿 .docx”。

3）文章标题字体设置为“隶书”、“三号”、“加粗”、“居中”。文章段落设置为“首行缩进 2 字符”、段前段后各 0.5 行、1.5 倍行距。

4）第一段文字字体设置为“楷体 -GB2312”、“小四号”，该段第一句话下加着重号，字体颜色设置为"绿色"，并设置首字下沉、下沉 2 行。

5）为第二段第一句话添加"三维"、"单线"、"绿色"边框，底纹颜色设置为"橙色"、"80%"，并应用于文字；为第三段添加"阴影"、"双线"、"红色"边框，底纹颜色设置为"紫色"、"淡色 40%"，并应用于段落。使用格式刷使最后一段底纹边框与第二段第一句话设置一致。

6）在文章末尾插入一张屏幕截图，设置该图片格式为"棱台透视"，高度为 5.5 cm。并将该图片设置位置为"顶端居右，四周型文字环绕"。

【实验步骤】

1）启动 Word 2010，创建一个空白文档，输入上述内容，保存该文档，命名为"新闻稿"，打开文档。

2）单击"页面布局"选项卡的"页面设置"组中的"页边距"按钮，在弹出的下拉列表中单击"自定义边距"按钮。在弹出的"页面设置"对话框中，在"页边距"选项组中分别设置上、下、左、右边距为给定值。如图 3-2 所示。

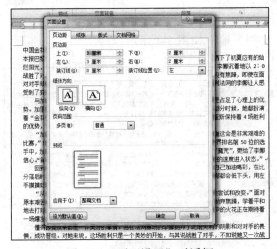

图 3-2　"页面设置"对话框

单击"页面布局"选项卡的"页面设置"组中的"纸张大小"按钮，在下拉列表框中选择"A4"。如图 3-3 所示。

图 3-3　"纸张大小"下拉列表框

3）选中文章标题，单击"开始"选项卡中"字体"组右下角的"字体"按钮，在弹出的"字体"对话框中，选择"字体"选项卡，在"中文字体"下拉列表框中选择"隶书"，在"字形"列表框中选择"加粗"，在"字号"列表框中选择"三号"。如图 3-4 所示。

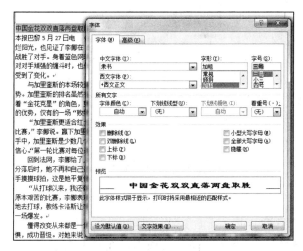

图 3-4 "字体"对话框

单击"开始"选项卡中"段落"组右下角的"段落"按钮，将"缩进和间距"选项组中"常规"组里的"对齐方式"设置为"居中"。单击"确定"按钮。如图 3-5 所示。

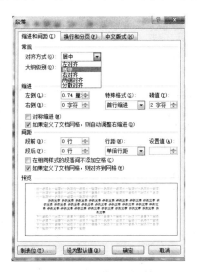

图 3-5 "段落"对话框

选中整篇文档，单击"开始"选项卡中"段落"组右下角的"段落"按钮，在"缩进和间距"选项组中的"特殊格式"下拉列表框中选择"首行缩进"，在"磅值"中设置为"2 字符"。在"间距"选项组中设置段前间距和段后间距为"0.5 行"，在"行距"下拉列表框中选择行距为"1.5 倍行距"。单击"确定"按钮。如图 3-6 所示。

图 3-6　"段落"对话框

4）选中第一段文字，单击"开始"选项卡中"字体"组右下角的"字体"按钮。在弹出的"字体"对话框中，选择"字体"选项卡，在"中文字体"下拉列表框中选择"楷体 -GB2312"，在"字形"列表框中选择"加粗"，在"字号"列表框中选择"小四号"，在"着重号"下拉列表框中选择"*"，从"字体颜色"下拉列表框中选择字体颜色为"绿色"。单击"确定"按钮。如图 3-7 所示。

图 3-7　"字体"对话框

单击"插入"选项卡中"文本"组中的"首字下沉"按钮，从下拉列表框中选择"首字下沉选项"，从弹出的"首字下沉"对话框中选择"下沉"，设置该段落首字下沉行数为"2 行"。如图 3-8 所示。

5）选中第二段文字第一句话内容，单击"页面布局"选项卡中"页面背景"组的"页面边框"按钮，在弹出的"边框和底纹"对话框中选择"边框"选项卡，从"设置"组中选择"三维"，在"样式"列表框中选择"单线"，在"颜色"列表框中设置边框颜色为"绿色"。如图 3-9 所示。

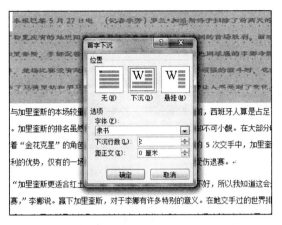

图 3-8 "首字下沉"对话框

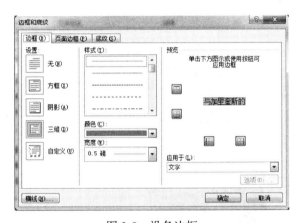

图 3-9 设备边框

选择"底纹"选项卡，在"填充"下拉列表框中选择"橙色"，在"图案"选项组中选择"样式"为"80%"，在"预览"选项组中选择应用于"文字"。单击"确定"按钮。如图 3-10 所示。

图 3-10 设置底纹

同理，选中第三段文字，如第二段文字设置，在"预览"选项组中选择应用于"段落"，单击"确定"按钮。选中第二段第一句话，单击"开始"选项卡下"剪贴板"组中的"格式刷"按钮，鼠标变为格式刷后选中最后一段文字，效果如图 3-11 所示。

本报巴黎 5 月 27 日电　（记者 季芳）27 日，中国选手郑洁迎来了自己在法网的首轮比赛。在与塞尔维亚小将多隆茨的对阵中，状态不错的郑洁以 6：4、6：1 直落两盘战胜对手，顺利晋级下一轮。在第二轮中，郑洁将与美国选手奥丁争夺晋级资格。

图 3-11　使用格式刷

6）单击"插入"选项卡下"插图"组中的"屏幕截图"按钮，单击下拉列表框中的"屏幕剪辑"选项，当画面出现选择区域时，选择需要截图的范围。单击"图片工具 – 格式"选项卡下"图片样式"选项组，选择下拉列表框中的"棱台透视"，在"大小"组中将图片高度设置为"5.5 厘米"，如图 3-12 所示。

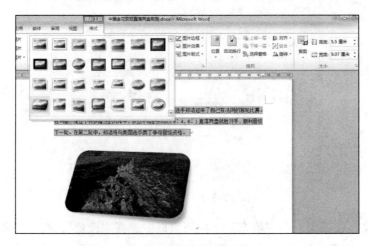

图 3-12　设备屏幕截图

单击"排列"选项组中的"位置"选项，从下拉列表框中的"文字环绕"选项组中选择"顶端居右，四周型文字环绕"样式，效果如图 3-13 所示。

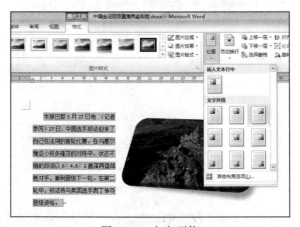

图 3-13　文字环绕

实验二　Word 2010 的高级应用

【实验目的】

1. 掌握 Word 2010 中审阅文档的应用技巧。
2. 掌握 Word 2010 排版的高级应用技巧。
3. 掌握 Word 2010 长文档的编辑应用技巧。
4. 掌握 Word 2010 表格的应用技巧。

【实验要求】

1）新建一个 Word 文档，输入如图 3-14 所示内容，命名为“荷塘月色 .docx”。

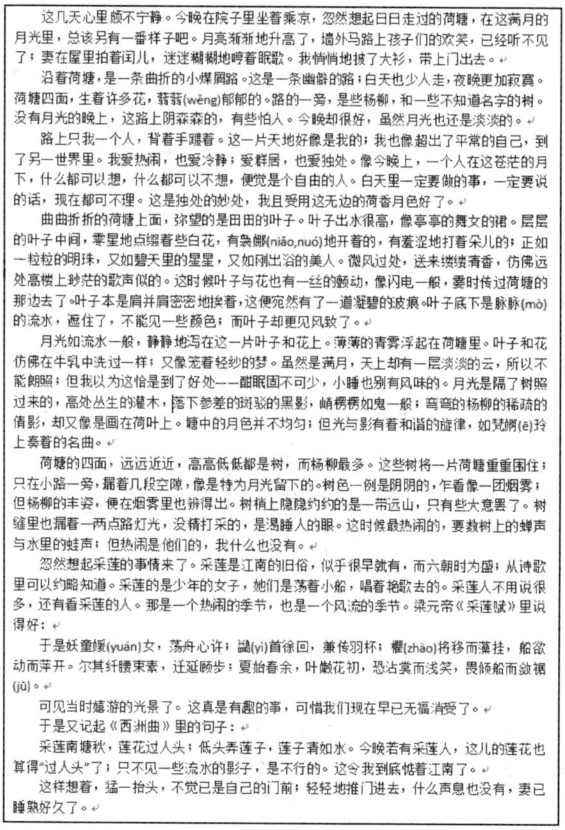

这几天心里颇不宁静。今晚在院子里坐着乘凉，忽然想起日日走过的荷塘，在这满月的月光里，总该另有一番样子吧。月亮渐渐地升高了，墙外马路上孩子们的欢笑，已经听不见了；妻在屋里拍着闰儿，迷迷糊糊地哼着眠歌。我悄悄地披了大衫，带上门出去。

沿着荷塘，是一条曲折的小煤屑路。这是一条幽僻的路；白天也少人走，夜晚更加寂寞。荷塘四面，生着许多花，蓊蓊(wěng)郁郁的。路的一旁，是些杨柳，和一些不知道名字的树。没有月光的晚上，这路上阴森森的，有些怕人。今晚却很好，虽然月光也还是淡淡的。

路上只我一个人，背着手踱着。这一片天地好像是我的；我也像超出了平常的自己，到了另一世界里。我爱热闹，也爱冷静；爱群居，也爱独处。像今晚上，一个人在这苍茫的月下，什么都可以想，什么都可以不想，便觉是个自由的人。白天里一定要做的事，一定要说的话，现在都可不理。这是独处的妙处，我且受用这无边的荷香月色好了。

曲曲折折的荷塘上面，弥望的是田田的叶子。叶子出水很高，像亭亭的舞女的裙。层层的叶子中间，零星地点缀着些白花，有袅娜(niǎo,nuó)地开着的，有羞涩地打着朵儿的；正如一粒粒的明珠，又如碧天里的星星，又如刚出浴的美人。微风过处，送来缕缕清香，仿佛远处高楼上渺茫的歌声似的。这时候叶子与花也有一丝的颤动，像闪电一般，霎时传过荷塘的那边去了。叶子本是肩并肩密密地挨着，这便宛然有了一道凝碧的波痕。叶子底下是脉脉(mò)的流水，遮住了，不能见一些颜色；而叶子却更见风致了。

月光如流水一般，静静地泻在这一片叶子和花上。薄薄的青雾浮起在荷塘里。叶子和花仿佛在牛乳中洗过一样；又像笼着轻纱的梦。虽然是满月，天上却有一层淡淡的云，所以不能朗照；但我以为这恰是到了好处——酣眠固不可少，小睡也别有风味的。月光是隔了树照过来的，高处丛生的灌木，落下参差的斑驳的黑影，峭楞楞如鬼一般；弯弯的杨柳的稀疏的倩影，却又像是画在荷叶上。塘中的月色并不均匀；但光与影有着和谐的旋律，如梵婀(ē)玲上奏着的名曲。

荷塘的四面，远远近近，高高低低都是树，而杨柳最多。这些树将一片荷塘重重围住；只在小路一旁，漏着几段空隙，像是特为月光留下的。树色一例是阴阴的，乍看像一团烟雾；但杨柳的丰姿，便在烟雾里也辨得出。树梢上隐隐约约的是一带远山，只有些大意罢了。树缝里也漏着一两点路灯光，没精打采的，是渴睡人的眼。这时候最热闹的，要数树上的蝉声与水里的蛙声；但热闹是他们的，我什么也没有。

忽然想起采莲的事情来了。采莲是江南的旧俗，似乎很早就有，而六朝时为盛；从诗歌里可以约略知道。采莲的是少年的女子，她们是荡着小船，唱着艳歌去的。采莲人不用说很多，还有看采莲的人。那是一个热闹的季节，也是一个风流的季节。梁元帝《采莲赋》里说得好：

于是妖童媛(yuán)女，荡舟心许；鷁(yì)首徐回，兼传羽杯；欋(zhào)将移而藻挂，船欲动而萍开。尔其纤腰束素，迁延顾步；夏始春余，叶嫩花初，恐沾裳而浅笑，畏倾船而敛裾(jū)。

可见当时嬉游的光景了。这真是有趣的事，可惜我们现在早已无福消受了。

于是又记起《西洲曲》里的句子：

采莲南塘秋，莲花过人头；低头弄莲子，莲子清如水。今晚若有采莲人，这儿的莲花也算得“过人头”了；只不见一些流水的影子，是不行的。这令我到底惦着江南了。

这样想着，猛一抬头，不觉已是自己的门前；轻轻地推门进去，什么声息也没有，妻已睡熟好久了。

图 3-14　荷塘月色 .docx

2）为文章第一段“闰儿”二字注音，并设置字体为黑体，字号为 10。为文章中倒数第二段“江南”二字设置带圈字符并设置为“增大圈号”。为文章最后一段内容添加菱形项目符号。在文章第五段后添加分页符。将文档分为两栏，平均分配左右栏的内容。在文章末尾添加连续的分节符。

3）为标题添加批注，内容为“选自《朱自清散文集》”。使用“修订”功能将第二段“生着许多花”修改为“长着许多树”，并在“梵婀玲”后面添加如下内容：（英语 violin 小提琴的译音）。

4）新建 Word 文档，该文档命名为"自动目录设置"。输入如图 3-15 所示内容，并在第一页标题前为该文档创建目录。

access 中有效性规则的写法

一、有效性规则示例

下表提供了字段级和记录级有效性规则的示例，以及说明性有效性文本。可以针对您的内容对这些示例进行相应的改编。

二、常见有效性规则的语法

有效性规则中的表达式不使用任何特殊语法。本节中的信息说明某些较常见类型的有效性规则的语法。在执行操作时，请记住：表达式和函数可能会非常复杂，全面的讨论不在本文讨论范围之内。

有关表达式的详细信息，请参阅创建表达式一文。有关函数的详细信息，请参阅函数（按类别排列）一文。

一）创建表达式时，请牢记下列规则：

二）除了上述规则之外，下表显示了常见的算术运算符并提供了使用方法示例。

三）在有效性规则中使用通配符

在有效性规则中，可以使用 Access 提供的通配符。请记住，Access 支持两个通配符字符集，这是因为对于用于创建和管理数据库的结构化查询语言（SQL），Access 支持两种标准（ANSI-89 和 ANSI-92）。这两种标准使用不同的通配符字符集。

默认情况下，所有 .accdb 和 .mdb 文件都使用 ANSI-89 标准，而 Access 项目使用 ANSI-92 标准。如果您是 Access 新手，应注意在 Access 项目中，数据库中的表驻留在运行 Microsoft SQL Server 的计算机上，而窗体、报表和其他对象驻留在其他计算机上。如果需要，可以将 .accdb 和 .mdb 文件的 ANSI 标准更改为 ANSI-92。

图 3-15   自动目录设置 .docx

5）在该文档下插入如图 3-16 所示表格，并设置表格样式为黑实线、1.5 磅宽，相对于页边距垂直。

有效性规则	有效性文本
<>0	输入非零值。
>=0	值不得小于零（必须输入正数）。
0 or > 100	值必须为 0 或者大于 100。
BETWEEN 0 AND 1	输入带百分号的值（用于将数值存储为百分数的字段。）
<#01/01/2007#	输入 2007 年之前的日期。
>=#01/01/2007#AND<#01/01/2008#	必须输入 2007 年的日期。
<Date()	出生日期不能是将来的日期。
StrComp(UCase([姓氏]),[姓氏],0)=0	"姓氏"字段中的数据必须大写。
>=Int(Now())	输入当天的日期。
M Or F	输入 M（代表男性）或 F（代表女性）。
LIKE"[A-Z]*@[A-Z].com"OR"[A-Z]*@[A-Z].net"OR"[A-Z]*@[A-Z].org"	输入有效的 .com、.net 或 .org 电子邮件地址。
[要求日期]<=[订购日期]+30	输入在订单日期之后的 30 天内的要求日期。
[结束日期]>=[开始日期]	输入不早于开始日期的结束日期。

图 3-16   插入表格内容

【实验步骤】

1）打开 Word 2010，新建空白文档，输入如图 3-14 所示内容，将该文档命名为"荷塘月色 .docx"。

2）选中"闰儿"二字，单击"开始"选项卡的"字体"组中的"拼音指南"按钮，弹出"拼音指南"对话框，在"字体"下拉列表框中选择"字体"为"黑体"，在"字号"下拉列表框中选择"10"。如图 3-17 所示。

图 3-17 "拼音指南"对话框

分别选中"江南"二字，单击"开始"选项卡的"字体"组中的"带圈字符"按钮，在弹出的对话框中，从样式选项组中选择"增大圈号"选项，单击"确定"按钮。如图 3-18 所示。

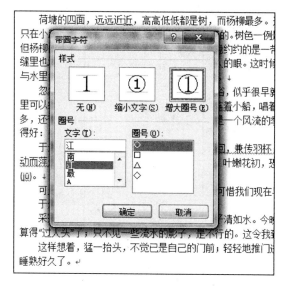

图 3-18 设置带圈字符

将光标移动至最后一段起始位置，单击"开始"选项卡中"段落"组的"项目符号"按钮，在弹出的下拉列表中选择项目符号样式为"菱形"。如图 3-19 所示。

光标移动至第五段结尾处，单击"页面布局"选项卡中"页面设置"组的"分隔符"按钮，在弹出的下拉列表中选择"分页符"选项组中的"分页符"选项。如图 3-20 所示。

单击"页面布局"选项卡中"页面设置"组的"分栏"按钮，在弹出的下拉列表框中选择"更多分栏"，在"预设"选项组中选择"两栏"选项，单击"确定"按钮。将光标移动至文本结尾处，单击"页面布局"选项卡中"页面设置"组的"分隔符"按钮，在弹出的下拉列表中选择"分节符"选项组中的"连续"选项。如图 3-21 所示。

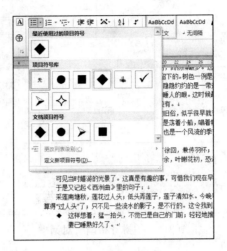

图 3-19 设置项目符号

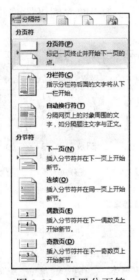

图 3-20 设置分页符

图 3-21 设置分栏

3）选中标题，单击"审阅"选项卡下的"新建批注"按钮，选中的文字被填充颜色，并显示批注框。在批注框中输入"选自《朱自清散文集》"。单击"保存"按钮。如图 3-22 所示。

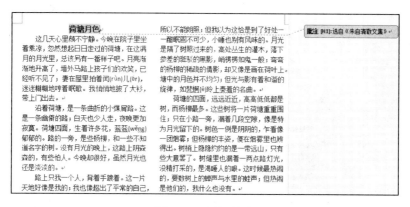

图 3-22　添加批注

单击"审阅"选项卡下"修订"组中的"修订"按钮，使文章处于被修订状态下，将第二段"生着许多花"修改为"长着许多树"，并在"梵婀玲"后面添加内容：(英语 violin 小提琴的译音)，在"修订"选项组中选择"最终：显示标记"。如图 3-23 所示。

图 3-23　修订状态

4）新建 Word 文档，输入如图 3-15 所示内容，保存该文档并命名为"自动目录设置"。选中文章一级标题，在"开始"选项卡的"样式"选项组中选择"标题 1"。如图 3-24 所示。

同理选中文章二级标题，在"开始"选项卡的"样式"选项组中选择"标题 2"，光标移动至标题前，单击"引用"选项卡中"目录"组的"目录"按钮，从下拉列表框中选择"自动目录 1"，设置目录如图 3-25 所示。

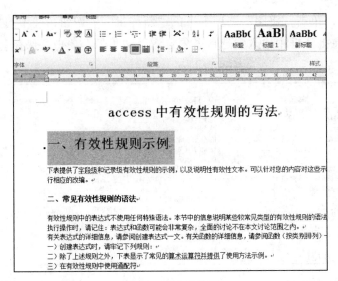

图 3-24　设置标题

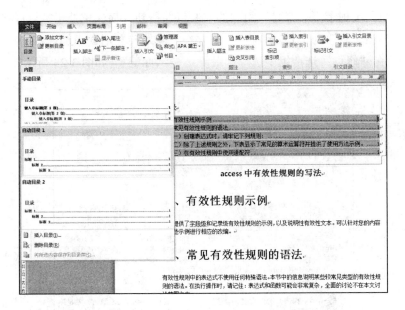

图 3-25　设置目录

　　5）将光标移动至文档结尾处，按回车另起一段。单击"插入"选项卡中"表格"选项组的"表格"按钮，从下拉列表框中选择"插入表格"选项，在弹出的"插入表格"对话框中，在"表格尺寸"选项组中设置行数和列数。如图 3-26 所示。

　　输入如图 3-16 所示内容，将光标移动到表格中。单击"表格工具－布局"选项卡的"表"组中的"属性"按钮，弹出"表格属性"对话框，单击"边框和底纹"按钮，在弹出的"边框和底纹"对话框中选择"边框"选项卡，然后在"设置"选项组中选择"全部"选项，在"样式"列表框中选择"黑实线"，在"宽度"下拉列表框中选择"1.5 磅"，单击"确定"按钮。如图 3-27 所示。

图 3-26　插入表格

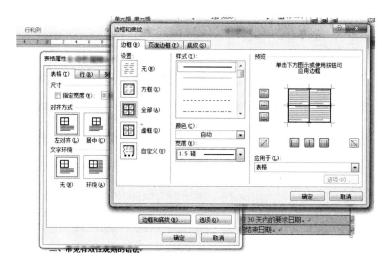

图 3-27　设置表格

在表格中单击"布局"选项卡中"表"组的"属性"按钮，弹出"表格属性"对话框，选择"表格"选项卡，设置文字环绕方式，单击"定位"按钮，弹出"表格定位"对话框，在"垂直"选项组中的"相对于"下拉列表框中选择"页边距"选项，单击"确定"按钮。如图 3-28 所示。

图 3-28　"表格定位"对话框

实验三　Word 2010 综合实验

【实验目的】

熟练掌握 Word 2010 中各种常用功能在综合性案例中的应用。

【实验要求】

1）新建 Word 文档，从百度百科中复制“IP 地址”描述中从“简介”到“查询”整节的内容，仅保留文本，保存为“综合实验 .docx”，如图 3-29 所示。

简介

IP 是英文 Internet Protocol 的缩写，意思是“网络之间互连的协议”，也就是为计算机网络相互连接进行通信而设计的协议。在因特网中，它是能使连接到网上的所有计算机网络实现相互通信的一套规则，规定了计算机在因特网上进行通信时应当遵守的规则。任何厂家生产的计算机系统，只要遵守 IP 协议就可以与因特网互连互通。正是因为有了 IP 协议，因特网才得以迅速发展成为世界上最大的、开放的计算机通信网络。因此，IP 协议也可以叫做“因特网协议”。

IP 地址被用来给 Internet 上的电脑一个编号。大家日常见到的情况是每台联网的 PC 上都需要有 IP 地址，才能正常通信。我们可以把“个人电脑”比作“一台电话”，那么“IP 地址”就相当于“电话号码”，而 Internet 中的路由器，就相当于电信局的“程控式交换机”。

IP 地址是一个 32 位的二进制数，通常被分割为 4 个“8 位二进制数”（也就是 4 个字节）。IP 地址通常用“点分十进制”表示成（a.b.c.d）的形式，其中，a,b,c,d 都是 0~255 之间的十进制整数。例：点分十进 IP 地址（100.4.5.6），实际上是 32 位二进制数（01100100.00000100.00000101.00000110）。

IP 地址（英语：Internet Protocol Address）是一种在 Internet 上的给主机编址的方式，也称为网际协议地址。常见的 IP 地址，分为 IPv4 与 IPv6 两大类。

IP 地址编址方案：IP 地址编址方案将 IP 地址空间划分为 A、B、C、D、E 五类，其中 A、B、C 是基本类，D、E 类作为多播和保留使用。

IPV4 就是有 4 段数字，每一段最大不超过 255。由于互联网的蓬勃发展，IP 位址的需求量愈来愈大，使得 IP 位址的发放愈趋严格，各项资料显示全球 IPv4 位址可能在 2005 至 2010 年间全部发完(实际情况是在 2011 年 2 月 3 日 IPv4 位地址分配完毕）。

地址空间的不足必将妨碍互联网的进一步发展。为了扩大地址空间，拟通过 IPv6 重新定义地址空间，IPv6 采用 128 位地址长度，在 IPv6 的设计过程中除了一劳永逸地解决了地址短

图 3-29　复制文本

2）删除文章中出现的所有“编辑本段”字眼，将每节标题设置为“隶书”、“四号”、“加粗”，并设置为一级标题。为段落设置首行缩进 2 字符。设置页面颜色为“深蓝，淡色 80%”。为文档添加水印“样例”。将第一段“Internet Protocol”设置文字效果为“渐变填充，橙色，强调文字颜色 6 内部阴影”。

3）为各节添加编号。为文档添加标题“IP 地址”，设置为“宋体”、“二号”、“加粗”、居中、正文文本。将第一节第一段“网络之间互连的协议”设置双行合一。将第四节分为两栏。为文档插入页眉“IP 地址知识”。设置页码，格式为“马赛克 2”。

4）在文章开头按节创建目录，设置目录字体为“华文行楷”，在第五节“A 类 IP 地址”后插入脚注“见第七节”。

5）根据第五节内容，在第五节“A 类 IP 地址”前插入表格，居中，表格替换文章中如图 3-30 所示内容。

网络类别　最大网络数　第一个可用的网络号　最后一个可用的网络号　每个网络中的最大主机数

A　126（2^7-2)　1　126　16777214

B　16384(2^14)　128.0　191.255　65534

C　2097152(2^21)　192.0.0　223.[1]255.255　254

图 3-30　替换内容

6）根据第八节中"查 QQ 用户 IP"的内容插入 SmartArt"半圆组织结构图"，放置在第八节末尾，居中显示。

7）录制宏。将字体更改为"楷体"、"四号"、"加粗"，保存宏，并命名为"字体设置"。

【实验步骤】

1）打开 Word 2010，按题目所述复制段落，在"开始"选项卡的"剪贴板"组中单击"粘贴"按钮下方的箭头，在下拉列表框中选择"只保留文本"。

2）按快捷键 Ctrl+H 调出"查找和替换"对话框，选择"替换"选项卡，在"查找内容"中输入"编辑本段"，清空"替换为"文本框，单击"全部替换"。如图 3-31 所示。

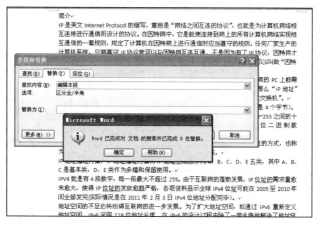

图 3-31　删除所有"编辑本段"字眼

选中第一节标题"简介"，在"开始"选项卡的"字体"选项组中设置字体为"隶书"，字号选择"四号"，单击"加粗"按钮。单击"视图"选项卡，在"文档视图"组中单击"大纲视图"，选中第一节标题，在"大纲"选项卡下"大纲工具"组中的"大纲级别"下拉列表框中选择"1级"，关闭大纲视图。在页面视图下，选中第一节标题，在"开始"选项卡下"剪贴板"组中双击"格式刷"按钮。依次选择各节标题，使之与第一节标题格式一致。如图 3-32 所示。

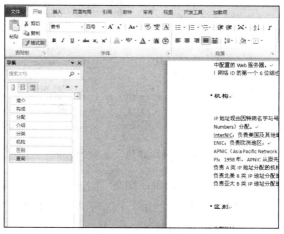

图 3-32　设置一级标题

按 Ctrl+A 选中整篇文档，单击"开始"选项卡中"段落"组的"段落"按钮，在"段落"对话框的"缩进和间距"选项卡中，单击"缩进"选项组的"特殊格式"下的选项箭头，从下拉列表框中选择"首行缩进"，在"磅值"中输入"2 字符"。单击"确定"按钮。如图 3-33 所示。

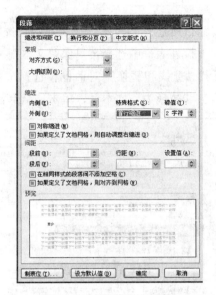

图 3-33 "段落"对话框

单击"页面布局"选项卡下"页面背景"组里的"页面颜色"按钮，在弹出的下拉列表框中，选择"深蓝，淡色 80%"。如图 3-34 所示。

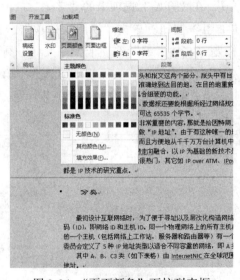

图 3-34 "页面颜色"下拉列表框

单击"页面布局"选项卡下"页面背景"组的"水印"按钮，在弹出的下拉列表框中，选择"自定义水印"，在弹出的"水印"对话框中选择"文字水印"选项，在"文字"下拉列表框中选择"样例"，单击"确定"。如图 3-35 所示。

图 3-35   "水印"对话框

选中第一段"Internet Protocol",单击"开始"选项卡下"字体"组中的"文本效果"按钮,从下拉列表框中选择"渐变填充,橙色,强调文字颜色 6 内部阴影"。如图 3-36 所示。

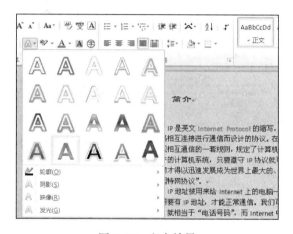

图 3-36   文本效果

3)选中第一节标题,单击"开始"选项卡中"段落"组"编号"旁边的箭头按钮,在"编号库"中选择相应编号,使用格式刷将其余标题完成设置。如图 3-37 所示。

图 3-37   编号库

　　将光标放置在第一节前,输入文档标题"IP 地址",设置字体和字号,选中该标题,在"开始"选项卡下"样式"组中选择"正文"样式。

　　选中第一节第一段"网络之间互连的协议",单击"开始"选项卡下"段落"组中的"中文版式"按钮,从下拉列表框中选择"双行合一",在弹出的"双行合一"对话框中调整格式,然后单击"确定"按钮。如图 3-38 所示。

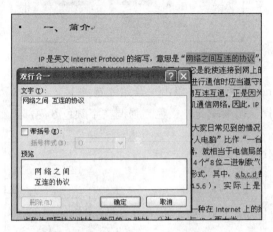

图 3-38　"双行合一"对话框

　　将光标放置在第四节正文起始位置,单击"页面布局"选项卡下"页面设置"组中的"分隔符"按钮,从下拉列表框中选择"分节符"中的"连续"选项。将光标放置在第四节正文结束位置,重复上述操作。单击"页面布局"选项卡下"页面设置"组中的"分栏"按钮,在下拉列表框中选择"两栏"。如图 3-39 所示。

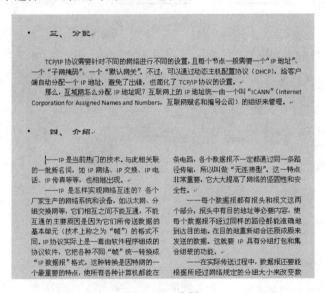

图 3-39　分栏

　　单击"插入"选项卡中"页眉和页脚"组的"页眉"按钮,在下拉列表框中选择"编辑页眉",然后在光标位置输入"IP 地址知识",在"页眉和页脚工具 – 设计"选项卡下单击

"关闭页眉和页脚"按钮。

单击"插入"选项卡中"页眉和页脚"组的"页码"按钮，在下拉列表框中将鼠标移动至"页面底端"，从右侧的列表中选择"马赛克 2"样式。如图 3-40 所示。

图 3-40　插入页码

4）将光标移动至第一节前，单击"引用"选项卡下"目录"组的"目录"按钮，从下拉列表框中选择"自动目录 1"，选中生成的目录，在"字体"选项组中设置字体为"华文行楷"。如图 3-41 所示。

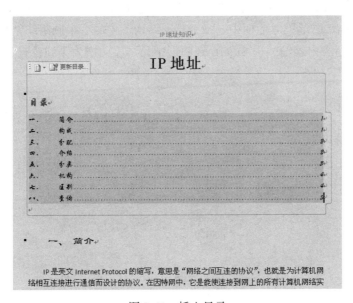

图 3-41　插入目录

将光标放置在第五节"A 类 IP 地址"后，单击"引用"选项卡下"脚注"组中的"插入脚注"按钮，在光标所在位置输入"见第七节"。如图 3-42 所示。

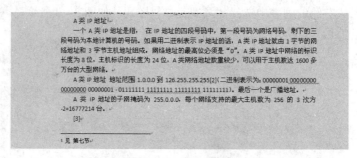

图 3-42　插入脚注

5）光标放置在第五节"A 类 IP 地址"前，按 Enter 键，光标放置在空行位置，单击"插入"选项卡中"表格"组的"表格"按钮，在"插入表格"绘制界面绘制"5×4 表格"，将被替换文本依次粘贴进表格，调整字号和表格，使之美观。单击"开始"选项卡下"段落"选项组中的"居中"按钮，如图 3-43 所示。

其中 A、B、C3 类（如下表格）由 InternetNIC 在全球范围内统一分配，D、E 类为特殊地址。

网络类别	最大网络数	第一个可用的网络号码	最后一个可用的网络号码	每个网络中的最大主机数
A	126	1	126	16,777,214
B	16,382	127.1	191.254	65,534
C	2,097,150	192.0.1	223.255.254	254

A 类 IP 地址
一个 A 类 IP 地址是指，在 IP 地址的四段号码中，第一段号码为网络号码，剩下的三

图 3-43　居中显示

6）光标放置在第八节"查 QQ 用户 IP"后，按 Enter 键，单击"开始"选项卡下"段落"组中的"居中"按钮，单击"插入"选项卡下"插图"组中的"SmartArt"按钮，在弹出的"选择 SmartArt 图形"对话框中选择"层次结构"中的"半圆组织结构图"，将第八节"查 QQ 用户 IP"所含内容输入进 SmartArt 图形中，调整文字大小和位置，使之美观。如图 3-44 所示。

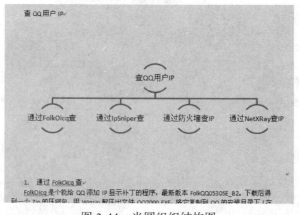

图 3-44　半圆组织结构图

7）在 Word 2010 功能区的任意空白位置右击鼠标，在弹出的快捷菜单中选择"自定义功能区"，在弹出的"Word 选项"对话框中，从"自定义功能区"选项组中勾选"开发工具"，单击"确定"按钮。如图 3-45 所示。

图 3-45　"Word 选项"对话框

单击"开发工具"选项卡下"代码"组中的"录制宏"按钮，在弹出的"录制宏"对话框中设置"宏名"为"字体设置"，单击"确定"按钮，如图 3-46 所示，开始录制宏。单击"开始"选项卡的"字体"组，设置字体、字号为"楷体"、"四号"，并加粗。单击"开发工具"选项卡的"代码"组中的"停止录制"按钮，停止录制宏。

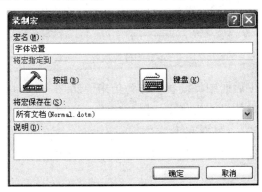

图 3-46　"录制宏"对话框

第4章 Excel 2010

实验一 电子表格的基本操作

【实验目的】

1. 掌握工作表和工作簿的基本操作方法。
2. 理解并掌握数据安全和打印设置方法。
3. 掌握数据输入、格式设置和冻结窗格的方法。
4. 掌握条件格式、数据有效性和隐藏单元格的方法。

【实验要求】

1）新建一个工作簿 test1.xlsx，重命名 Sheet1 工作表名称为"通讯簿"。

2）在 A1:D10 单元格区域输入如图 4-1 所示数据。

序号	部门	姓名	办公电话
	员工通讯簿		
序号	部门	姓名	办公电话
1	技术部	李刚	518***46
2	人力资源部	孙毅	518***82
3	财务部	陈昊	518***71
4	销售部	孙艳	518***85
5	技术部	陈强	518***29
6	人力资源部	何明	518***68
7	财务部	黄依	518***52
8	销售部	陈浩	518***63

图 4-1 输入数据

3）合并单元格 A1:D1 后居中，设置字体为仿宋、26 号字、加粗。

4）将 A2:D2 单元格字体设置为华文细黑、16 号字、加粗。

5）通过自动填充，完成 1 ~ 8 的数字序列。

6）通过数据有效性设置办公电话的输入限制，设置 D3:D10 单元格区域只能输入 8 位文本。

7）为 A1:D10 单元格区域设置边框为"所有框线"。

8）冻结数据表前两行。

9）设置条件格式，对于部门为"技术部"的单元格显示为"浅红填充色深红色文本"。

10）设置工作表保护密码为"123456"，要求只能选定单元格。

11）打印设置：纸张方向为"横向"，边距为"普通"。

【实验步骤】

1）启动 Excel 2010，创建一个空白文档，保存该文档，命名为"test1"。

2）右击"Sheet1"工作表标签，在弹出的快捷菜单中选择"重命名"命令，输入新的标签名称。

3）选中 A1:D10 单元格区域，选择"开始"选项卡，单击"对齐方式"组中的"合并后居中"按钮，设置字体和字号。

4）选中 A2:D2 单元格区域，统一设置字体、字号。

5）在 A3 单元格输入"1"，将鼠标指针放在单元格右下角，当鼠标指针变为加号形状的填充柄时，拖动鼠标到 A10 单元格，选择右下角下拉单选按钮"填充序列"即可完成后面所有编号的填充。

6）选中 D3:D10 单元格，选择"数据"选项卡，单击"数据工具"组中的"数据有效性"按钮，在下拉列表中选择"数据有效性"命令，打开"数据有效性"对话框，如图 4-2 所示，在其中设置有效性条件。

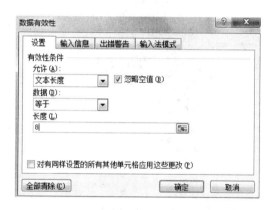

图 4-2 "数据有效性"对话框

7）选中 A1:D10 单元格区域，选择"开始"选项卡，单击"字体"组的"下框线"按钮右侧的小三角按钮，在下拉列表中选择"所有框线"命令。

8）选中 A3 单元格，选择"视图"选项卡，单击"窗口"组中的"冻结窗格"按钮，在下拉列表中选择"冻结拆分窗格"命令。

9）选中 B3:B10 单元格区域，选择"开始"选项卡，单击"样式"组中的"条件格式"按钮，在下拉列表中选择"突出显示单元格规则"→"等于"命令，如图 4-3 所示，打开"等于"对话框，在输入框中输入"技术部"，在"设置为"下拉列表框中选择"浅红填充色深红色文本"，单击"确定"按钮完成设置。

10）选择"审阅"选项卡，单击"更改"组中的"保护工作表"按钮，打开"保护工作表"对话框，在密码输入框中输入"123456"，选中"选定锁定单元格"和"选定未锁定的单元格"复选框，如图 4-4 所示，单击"确定"按钮，打开"确认密码"对话框，再次输入密码。

图 4-3　"条件格式"下拉列表

图 4-4　"保护工作表"对话框

11）选择"文件"选项卡，单击"打印"按钮，在"设置"选项中选择纸张方向为"横向"，边距为"普通"。

实验二　数据处理

【实验目的】

1. 掌握公式的使用。
2. 理解并掌握单元格及单元格区域的引用。
3. 掌握函数的使用。

【实验要求】

1）新建一个工作簿 test2.xlsx，在 Sheet1 工作表中输入如图 4-5 所示数据。

学号	姓名	性别	是否团员	数学	语文	英语	平均分	总分	排名	平均成绩是否合格
12001	李坤	男	是	70	65	80				
12002	张斌	男	否	95	90	99				
12003	尤哲	男	是	68	65	79				
12004	王鹏	男	否	79	80	86				
12005	刘伟	男	是	83	87	90				
12006	李健	男	是	86	82	90				
12007	刘慧	女	否	48	56	65				
12008	张海	女	是	96	93	90				
12009	高丽	女	是	86	90	80				
12010	李静	女	是	78	74	80				
			团员总数：							

图 4-5　输入数据

2）在 I 列添加"平均分"信息，计算每名学生各科成绩的平均分，并显示为整数。

3）在 J 列添加"总分"信息，计算每名学生各科成绩的总分，并显示为整数。

4）在 K 列添加"排名"信息，使用 RANK.EQ 函数统计每名学生的总分在所有学生中的排名。

5）在 L 列添加"平均成绩是否合格"信息，使用 IF 函数统计每名学生的平均成绩是否合格，判断标准为：合格（60 分及以上）、不合格（60 分以下）。

6）在 F13 单元格中使用 COUNTIF 函数统计团员总数。

【实验步骤】

1）启动 Excel 2010，创建一个空白文档，保存该文档，命名为"test2"，输入如图 4-5 所示数据。

2）选中 I2 单元格，选择"开始"选项卡，单击"编辑"组中"∑自动求和"按钮右侧的小三角按钮，在下拉列表中选择"平均值"命令，如图 4-6 所示，当 I2 单元格中显示"=AVERAGE（F2:H2）"公式时，按下 Enter 键求得结果。选中 I2 单元格，将鼠标指针放在单元格的右下角，当鼠标指针变为加号形状的填充柄时，拖动鼠标指针到 I11 单元格，完成其他平均成绩的计算。

图 4-6　"平均值"命令

3）选中 J2 单元格，选择"开始"选项卡，单击"编辑"组中的"∑自动求和"命令，当 J2 单元格中显示"=SUM（F2:H2）"公式时，按下 Enter 键求得结果。选中 J2 单元格，将鼠标指针放在单元格的右下角，当鼠标指针变为加号形状的填充柄时，拖动鼠标指针到 J11 单元格，完成其他总分成绩的计算。

4）选中 K2 单元格，选择"公式"选项卡，单击"插入函数"按钮，打开"插入函数"对话框，在"选择函数"列表中选择 RANK.EQ 函数，单击"确定"按钮打开"函数参数"对话框，如图 4-7 所示设置参数，单击"确定"按钮，完成 12001 学号学生总分成绩排名的计算。选中 K2 单元格，将鼠标指针放在单元格的右下角，当鼠标指针变为加号形状的填充柄时，拖动鼠标指针到 K11 单元格，完成其他学生总分成绩排名的计算。

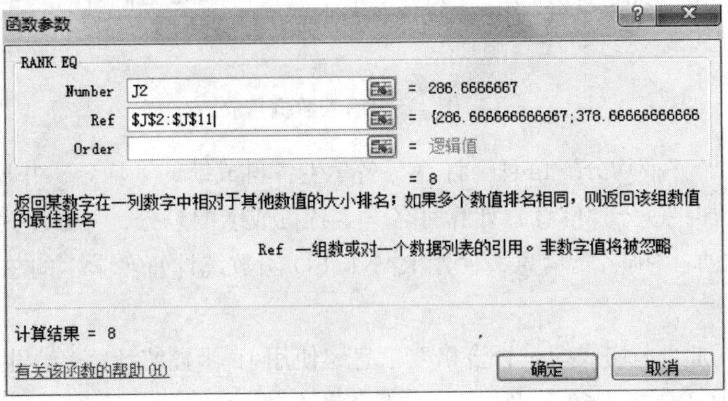

图 4-7　RANK.EQ 函数

5）选中 L2 单元格，选择"公式"选项卡，单击"插入函数"按钮，打开"插入函数"对话框，在"选择函数"列表中选择 IF 函数，单击"确定"按钮打开"函数参数"对话框，如图 4-8 所示设置参数，单击"确定"按钮，完成 12001 学号学生平均成绩是否合格的判定。选中 L2 单元格，将鼠标指针放在单元格的右下角，当鼠标指针变为加号形状的填充柄时，拖动鼠标指针到 L11 单元格，完成其他学生平均成绩是否合格的判定。

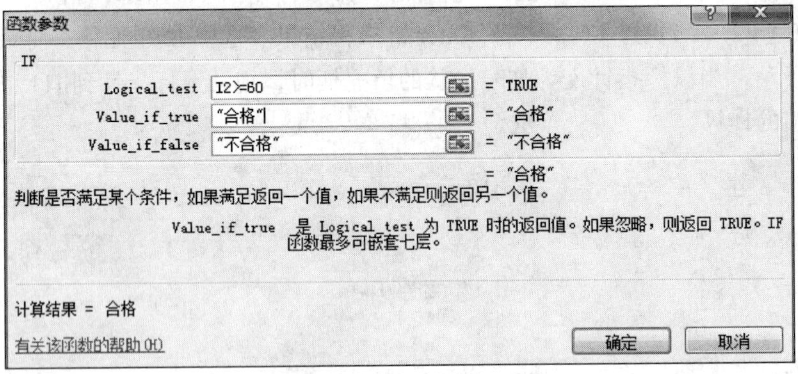

图 4-8　IF 函数

6）选中 F13 单元格，选择"公式"选项卡，单击"插入函数"按钮，打开"插入函数"对话框，在"选择函数"列表中选择 COUNTIF 函数，单击"确定"按钮打开"函数参数"对话框，如图 4-9 所示设置参数，单击"确定"按钮，完成团员总数的计算。

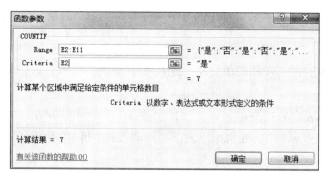

图 4-9 COUNTIF 函数

实验三 数据分析

【实验目的】

1. 掌握数据的排序、筛选和分类汇总。
2. 掌握图表在数据分析中的应用。

【实验要求】

1）新建一个工作簿 test3.xlsx，在 Sheet1 工作表中输入如图 4-10 所示数据。

	A	B	C	D	E	F	G
1	部门	姓名	性别	出生日期	职称	基本工资	附加工资
2	技术部	李丽	女	1980/6/1	中级	¥2,865.00	¥466.00
3	销售部	赵刚	男	1979/8/5	高级	¥3,125.00	¥511.00
4	财务部	张平	男	1980/5/6	中级	¥2,799.00	¥456.00
5	技术部	卢浩然	男	1981/2/3	初级	¥2,433.00	¥359.00
6	财务部	宋强	男	1978/5/6	高级	¥3,298.00	¥516.00
7	销售部	孙淼	女	1982/2/9	初级	¥2,269.00	¥366.00
8	销售部	张燕芳	女	1979/6/5	高级	¥3,220.00	¥505.00
9	技术部	纪斌	男	1980/8/9	中级	¥2,688.00	¥423.00
10	财务部	王晓华	女	1977/6/3	高级	¥3,331.00	¥523.00

图 4-10 输入数据

2）对表 4-10 中数据按"基本工资"降序进行排序。

3）筛选出职称为"高级"的人员信息。

4）筛选出基本工资在 3000 及以上的人员信息。

5）分类汇总出各部门基本工资的平均值，汇总结果显示在数据的下方。

6）在 Sheet1 工作表中，根据"姓名"、"基本工资"和"附加工资"列的数据创建二维簇状柱形图，具体要求如下：

➢ 图表的数据源为"姓名"、"基本工资"和"附加工资"列。

➢ 图表标题为"工资统计"；X 轴的标题为"姓名"，Y 轴的标题为"工资"。

➢ 图例在图表"靠右"的位置显示。

➢ 图表的位置为原工作表数据的下方。

【实验步骤】

1）启动 Excel 2010，创建一个空白文档，保存该文档并命名为"test3"，输入数据。

2）选中"基本工资"列任意单元格，选择"数据"选项卡，单击"排序和筛选"组中的"降序"按钮。

3）选中数据区域中的任一单元格，选择"数据"选项卡，单击"排序和筛选"组中的"筛选"按钮，在各字段名称单元格中出现下拉列表按钮，单击"职称"单元格右侧的按钮，在下拉列表中选中"高级"复选框，如图 4-11 所示，单击"确定"按钮进行筛选。

图 4-11   筛选数据

4）选中数据区域中的任一单元格，选择"数据"选项卡，单击"排序和筛选"组中的"筛选"按钮，单击"基本工资"单元格右侧的按钮，在下拉列表中选择"数字筛选"→"大于或等于"命令，如图 4-12 所示。打开"自定义自动筛选方式"对话框，如图 4-13 所示输入"3000"，单击"确定"按钮进行筛选。

图 4-12   "数字筛选"下拉列表

图 4-13 "自定义自动筛选方式"对话框

5）选中"部门"列任意单元格，选择"数据"选项卡，单击"排序和筛选"组中的"降序"按钮。单击"分级显示"组中的"分类汇总"按钮，打开"分类汇总"对话框，如图 4-14 所示进行设置，单击"确定"按钮进行分类汇总。

图 4-14 "分类汇总"对话框

6）选中"姓名"、"基本工资"和"附加工资"三列数据区域，选择"插入"选项卡，单击"图表"组中的"柱形图"按钮，在下拉列表中选择"二维柱形图"的第一个样式。

7）在"图表工具"中选择"设计"选项卡，单击"图表布局"选项组中的"布局 1"按钮。将图表区"图表标题"修改为"工资统计"。

8）在"图表工具–布局"选项卡中，单击"标签"组中的"坐标轴标题"按钮，在下拉菜单中选择"主要横坐标轴标题"→"坐标轴下方标题"菜单命令，如图 4-15 所示。将图表区"坐标轴标题"修改为"姓名"。

图 4-15 "坐标轴标题"下拉列表

9）使用与步骤 8）同样的方法将纵坐标的标题设置为"工资"。

实验四 嵌套函数的应用

【实验目的】

1. 巩固常用函数的使用方法。

2. 理解并掌握嵌套函数在解决实际问题中的应用。

【实验要求】

1）新建一个工作簿 test4.xlsx，在 Sheet1 工作表中输入如图 4-16 所示数据。

	A	B	C	D	E	F	G	H
1	学号	姓名	身份证号	马克思主义基本原理	中国近现代史	大学体育	社会实践	总评
2	13001	李艺楠	110101199506151105	76	92	66	86	
3	13002	王欣	231011199607112146	85	86	85	82	
4	13003	张峰	241213199602255615	79	83	73	76	
5	13004	宋岩	311041199601310253	88	76	86	81	
6	13005	李玉蕾	221131199510051448	89	94	72	95	
7	13006	韩旭	141022199509020031	91	87	80	87	
8	13007	张昕	13010119960410054X	84	69	89	76	
9	13008	刘少鹏	152061199603251519	95	78	90	84	
10	13009	杨超	211314199511252059	83	93	77	73	
11	13010	吴迪	312151199604175624	74	81	95	90	
12								

图 4-16 输入数据

2）利用 LEN 和 MID 函数使"姓名"列中所有学生姓名两端对齐，使之看起来美观。

3）在"姓名"列和"身份证号"列之间插入"性别"列，使用函数根据身份证号计算出每名学生的性别。

4）在"身份证号"列之后插入"出生日期"列，使用 MID 函数根据身份证号计算出每名学生的出生日期，并以"XXXX 年 XX 月 XX 日"的格式显示。

5）在"总评"列中使用 IF 函数计算每名学生的总评成绩。总评成绩为前四项内容的平均成绩，大于等于 85 分显示"优秀"，75 ~ 84 分显示"良好"，60 ~ 74 分显示"及格"。其中，社会实践占 20% 的权重。

【实验步骤】

1）启动 Excel 2010，创建一个空白文档，保存该文档并命名为"test4"，输入数据。

2）右击"姓名"列，选择"插入"命令，在新生成的 B 列中单击 B2 单元格，在编辑栏中输入函数"=IF(LEN(C2)>=3,C2,(MID(C2,1,1)&" "&MID(C2,2,1)))"，按 Enter 键显示结果。利用填充柄填充其余单元格，如图 4-17 所示。然后选中 C 列，右击选中区域，选择"隐藏"命令，在 B1 单元格中输入"姓名"。

3）右击"身份证号"列，选择"插入"命令，在 D1 单元格中输入"性别"。单击 D2 单元格，在编辑栏中输入函数"=IF(MOD(MID(E2,17,1),2)=0," 女 "," 男 ")"，按 Enter 键显示结果。利用填充柄填充其余单元格，如图 4-18 显示。

图 4-17　插入新列

图 4-18　插入新列

4）右击"马克思主义基本原理"列，选择"插入"命令，右击新生成的 F 列，选择
"设置单元格格式"命令，在"数字"选项卡中选择"常规"，单击"确定"按钮。在 F1
单元格中输入"出生日期"，单击 F2 单元格，在编辑栏中输入函数"=MID(E2,7,4)&"年
"&MID(E2,11,2)&"月"&MID(E2,13,2)&"日""，利用填充柄填充其余单元格，效果如图
4-19 所示。

图 4-19　插入"出生日期"列

5）选择 K2 单元格，在编辑栏中输入函数"=IF((((G2+H2+I2)/3)*0.8+J2*0.2)>=85,"优
秀",IF((((G2+H2+I2)/3)*0.8+J2*0.2)>=75,"良好","及格"))"，按 Enter 键显示效果，利用
填充柄填充其余单元格，效果如图 4-20 所示。

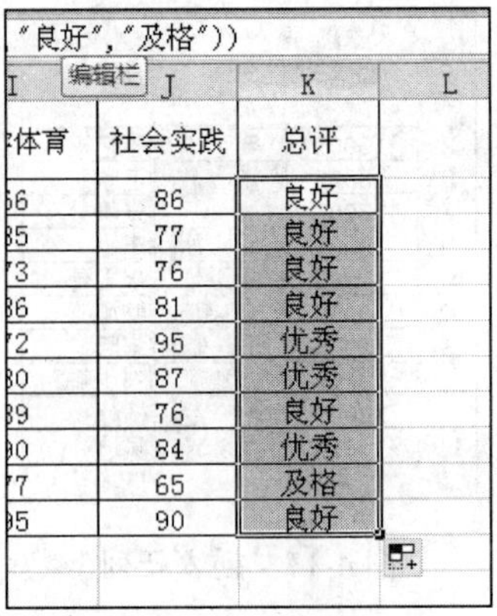

图 4-20 “总评”列

实验五　灵活运用数据透视表和透视图

【实验目的】

1. 掌握数据透视表和数据透视图的基本使用方法。
2. 掌握数据透视表和数据透视图的操作实战技巧。

【实验要求】

1）新建一个工作簿 test5.xlsx，在 Sheet1 工作表中输入如图 4-21 所示数据。根据此表创建数据透视表，使“列标签”为“产品名称”和“销售点”，“行标签”为“销售员”，“报表筛选”为“销售时间”，“数值”为“销售额”。

	A	B	C	D	E	F	G
1				销售业绩表			
2	产品名称	销售员	销售时间	销售点	单价	销量	销售额
3	液晶电视	关利	2008-5-1	国美电器	2200	120	264000
4	空调	赵锐	2008-5-1	永乐家电	2100	140	294000
5	组合音响	张磊	2008-5-1	永乐家电	4520	90	406800
6	空调	江涛	2008-5-1	五星电器	4210	80	336800
7	电冰箱	陈晓华	2008-5-2	五星电器	5670	86	487620
8	洗衣机	李小林	2008-5-2	国美电器	3210	97	311370
9	液晶电视	成军	2008-5-2	苏宁电器	7680	78	599040
10	洗衣机	王军	2008-5-3	苏宁电器	2130	110	234300
11	空调	李阳	2008-5-3	国美电器	3210	105	337050
12	组合音响	陆洋	2008-5-3	科贸电子	4000	40	160000
13	液晶电视	赵琳	2008-5-3	科贸电子	3420	45	153900
14							
15							

图 4-21　输入数据

2）将创建的数据透视表中的数值格式更改为“货币格式”，在数据透视表中显示数据的平均值，在数据透视表中筛选出销售时间为“2008 年 5 月 1 日”的销售数据，在数据透视表中筛选出“国美电器”的销售数据。

3）根据数据透视表制作数据透视图，其中图表类型为“簇状柱形图”，并将其放置在 Sheet2 中。

4）使用“堆积折线图”显示“陈晓华”和“李小林”两人的销售业绩。

【实验步骤】

1）启动 Excel 2010，创建一个空白文档，保存该文档，命名为"test5"，输入数据。在"插入"选项卡中，单击"表格"组中的"数据透视表"按钮，在弹出的下拉菜单中选择"数据透视表"选项，弹出"创建数据透视表"对话框。在对话框的"表/区域"文本框中输入销售业绩表的数据区域 A2:G13，在"选择放置数据透视表的位置"区域中选择"新工作表"单选按钮，单击"确定"按钮。在"数据透视表字段列表"窗格中，将"产品名称"字段和"销售点"字段添加到"列标签"列表框，将"销售员"字段添加到"行标签"列表框，将"销售时间"字段添加到"报表筛选"列表框，将"销售额"字段添加到"数值"列表框，将该数据透视表所在工作表重命名为"销售业绩透视表"，如图 4-22 所示。

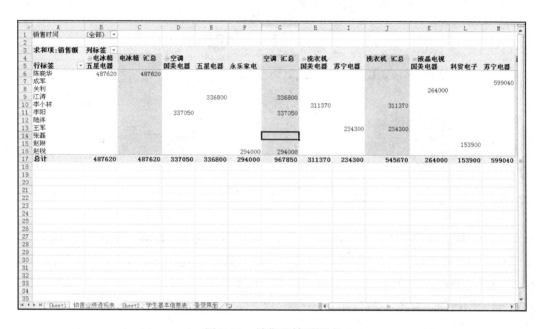

图 4-22   销售业绩透视表

2）任选一单元格，在"数据透视表工具 – 设计"选项卡中，从"数据透视表样式"组中选择一种样式。在数据总额单元格区域内右击，选择"值字段设置"选项，然后单击"数字格式"按钮，在"分类"列表框中选择"货币"，"小数位数"设置为"0"，"货币符号"设置为"￥"，单击"确定"按钮，如图 4-23 所示。右击任一单元格，在"值字段设置"对话框中单击"值汇总方式"选项，从列表框中选择"平均值"选项。单击"报表筛选"栏右侧下拉列表按钮，勾选"选择多项"复选框，单击"确定"按钮。单击"列标签"下拉列表按钮，取消选择"全选"复选框，选择"国美电器"，单击"确定"按钮。

3）任选一单元格，在"数据透视表工具 – 选项"选项卡中单击"工具"组中的"数据透视图"按钮，在弹出的"插入图表"对话框中选择"柱形图"中的"簇状柱形图"，单击"确定"按钮。右击数据透视图，选择"移动图表"选项，在弹出的对话框中，在"对象位于"下拉列表框中选择"Sheet2"，单击"确定"按钮。如图 4-24 所示。

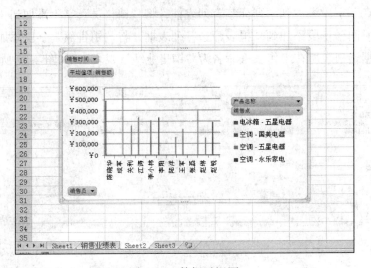

	A	B	C	D	E	F	G	H
1	销售时间	(全部)						
2								
3	求和项:销售额	列标签						
4		⊟空调	空调 汇总	⊟洗衣机	洗衣机 汇总	⊟液晶电视	液晶电视 汇总	总计
5	行标签	国美电器		国美电器		国美电器		
6	关利					¥264,000	¥264,000	¥264,000
7	李小林			¥311,370	¥311,370			¥311,370
8	李阳	¥337,050	¥337,050					¥337,050
9	总计	¥337,050	¥337,050	¥311,370	¥311,370	¥264,000	¥264,000	¥912,420
10								
11								

图 4-23　设置货币格式

图 4-24　数据透视图

4）单击数据透视图中的"销售员"按钮，在弹出的列表中取消"全选"复选框，勾选
"陈晓华"和"李小林"两个复选框，单击"确定"按钮。右击数据透视图，在弹出的快捷
菜单中选择"更改图表类型"选项，在弹出的对话框中选择"折线图"中的"堆积折线图"，
单击"确定"按钮，如图 4-25 所示。

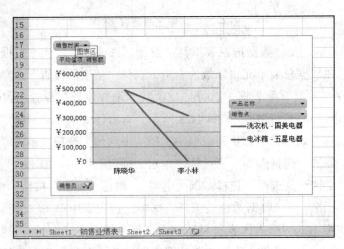

图 4-25　堆积折线图

实验六 VBA 实例应用

【实验目的】

掌握宏和 VBA 的基础应用方法。

【实验要求】

设计学生信息管理窗体：

1）设计学生管理 Excel 表和登录窗体（如图 4-26 所示）。

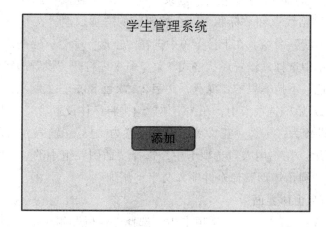

图 4-26 登录窗体

2）在 VBA 中设计学生信息窗体界面，如图 4-27 所示。

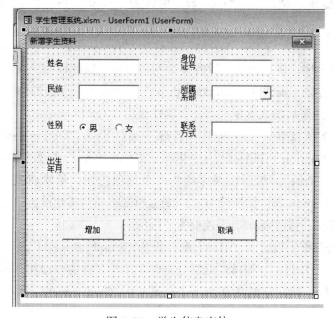

图 4-27 学生信息窗体

3）在 VBA 中编写学生信息管理代码，使"所属系部"包含"数学"、"英语"、"计算机"和"自动化"，并通过"新增学生资料"窗体，实现对学生信息的增加和取消。

【实验步骤】

1）新建 Excel 2010 并命名为"学生管理系统 .xlsx"，单击 A1 单元格，输入"学生基本信息表"，从 A2 单元格到 H2 单元格依次输入"编号"、"姓名"、"性别"、"民族"、"出生年月"、"身份证号"、"所属系部"和"联系方式"。选中 A1:H1 区域，在"开始"选项卡中，单击"对齐方式"组中的"合并后居中"按钮。将工作表 Sheet1 重命名为"学生基本信息表"，将工作表 Sheet2 重命名为"登录界面"。在"视图"选项卡中，将"显示"组中的"编辑栏"、"网格线"和"标题"三个按钮前的选项取消。在"插入"选项卡中，选择"插图"组中"形状"命令，在下拉菜单中选择"矩形"命令。绘制矩形并在区域内单击右键，在弹出的菜单中选择"设置形状格式"菜单命令。打开"设置形状格式"对话框，选择"填充"下"颜色"下拉框里的"深蓝，文字 2，淡色 80%"主题颜色并单击，然后单击"关闭"按钮。在"开始"选项卡中，在"字体"组中将字体设置为"粗体"；字体颜色设置为"黑色"；字体设置为"宋体（正文）"，字号设置为"18"。输入界面标题文字"学生管理系统"并居中显示。在"插入"选项卡中，选择"插图"组中的"形状"命令，在弹出的下拉菜单中选择"圆角矩形"命令并输入文字"添加"。

2）设计学生信息窗体界面：

① 插入窗体。在"开发工具"选项卡中，选择"代码"组中的"Visual Basic"命令。选择"插入"菜单下"用户窗体"命令。选择"名称"，并将其属性值设为"Form1"，同时将"Caption"属性值改为"新增学生资料"。

② 创建窗体标签，设置其"AutoSize"属性为"True"，将"Caption"属性设为"姓名"。重复该步骤，完成如图 4-27 所示窗体。

③ 创建窗体文本框，设置其"名称"属性为"TextName"。将"MaxLength"属性设为"4"。重复上述步骤，将"民族"后的文本框"名称"属性设为"TextNation"、"出生年月"后的文本框"名称"属性设为"TextBirth"、"身份证号"后的文本框"名称"属性设为"TextID"、"联系方式"后的文本框"名称"属性设为"TextPhone"。

④ 创建窗体选项按钮，依次将其"名称"属性设为"OptionMan"、"AutoSize"属性设为"True"、"Caption"属性设为"男"、"GroupName"属性设为"GroupSex"和"Value"属性设为"True"。然后再同样绘制一个选项按钮，依次将其"名称"属性设为"OptionWoman"、"AutoSize"属性设为"True"、"Caption"属性设为"女"、"GroupName"属性设为"GroupSex"和"Value"属性设为"False"。

⑤ 创建窗体复合框，设置其"名称"属性设为"ComboBoxEdu"。

⑥ 创建窗体命令按钮，在窗体的低端分别创建两个名称为"增加"和"取消"的按钮，并将其各自的"名称"属性分别设为"CmdSave"和"CmdCancel"。保存时选择"Excel 启用宏的工作簿"命令。

⑦ 在 VBA 环境下，双击"新增学生资料"用户窗体打开代码窗口。并选择右侧的下拉

箭头，选择"Initialize"事件。输入以下代码：

```
'添加项目到"所属系部"复合框
ComboBoxEdu.AddItem "英语"
ComboBoxEdu.AddItem "数学"
ComboBoxEdu.AddItem "自动化"
ComboBoxEdu.AddItem "计算机"
```

⑧ 选择"对象"下拉菜单中的"TextBirth"命令。选择"过程"下拉菜单中的"BeforeUpdate"事件。输入以下代码：

```
If Not IsDate(TextBirth.Value) Then '判断是否为日期格式
MsgBox "请输入正确的出生年月!", , "提示" '显示提示信息
TextBirth.SelStart = 0 '设置文本框的起始位置
TextBirth.SelLength = Len(TextBirth.Value)  '设置文本框选取文字的长度
Cancel = True '设置焦点停留在该控件
End If
```

⑨ 选择"对象"下拉菜单中的"TextID"命令。选择"过程"下拉菜单中的"BeforeUpdate"事件。输入以下代码：

```
Dim strid As String '暂存身份证号
strid = TextID.Value
If Len(strid) <> 15 And Len(strid) <> 18 Then
MsgBox "身份证号错误，请重新输入15 或18 位的身份证号!", , "提示"
    TextID.SelStart = 0
    TextID.SelLength = Len(TextID.Value)
    Cancel = True
End If
```

⑩ 选择"对象"下拉菜单中的"CmdCancel"命令。输入以下代码：

```
Me.Hide                '隐藏用户窗体
Sheets("登录界面").Activate            '激活登录界面工作表
```

⑪ 选择"对象"下拉菜单中的"CmdSave"命令。输入以下代码：

```
If TextName.Value = " " Then '判断姓名是否为空
MsgBox "请输入姓名!", , "提示" '显示提示信息
TextName.SetFocus '设置焦点到姓名框
Exit Sub '退出子过程
End If
Add '调用添加数据子过程
```

⑫ 选择"对象"下拉菜单中的"通用"命令。选择"插入"菜单的"过程"命令。在弹出的"添加过程"对话框的"名称"文本框内输入"add"，并单击"确定"按钮。输入以下代码：

```
Dim intRow As Integer '定义变量,保存行数
Dim strBh As String '定义变量,保存编号
Sheets("学生基本信息表").Activate '激活"学生基本信息表"
Sheets("学生基本信息表").Range("A1").Select
```

```
'获取学生基本信息表已有数据行数
intRow = ActiveCell.CurrentRegion.Rows.Count
strBh = Cells(intRow, 1)  '取得最后编号
'按规则产生新的编号
strBh = "Y" 6 Format(Right(strBh, 4) + 1, "0000")
intRow = intRow + 1
'将用户窗体上的数据填充到"学生基本信息表"的新行上
Cells(intRow, 1) = strBh
Cells(intRow, 2) = TextName.Value
If OptionMan.Value Then
    Cells(intRow, 3) = "男"
Else
    Cells(intRow, 3) = "女"
End If
    Cells(intRow, 4) = TextNation.Value
    Cells(intRow, 5) = TextBirth.Value
    Cells(intRow, 7) = ComboBoxEdu.Value
    Cells(intRow, 6).NumberFormatLocal = "@"  '设置身份证列为文本格式
    Cells(intRow, 6) = TextID.Value
    Cells(intRow, 9).NumberFormatLocal = "@"  '设置联系电话为文本格式
    Cells(intRow, 8) = TextPhone.Value
```

⑬ 切换到工作簿"学生管理系统 .xlsx"的登录界面。单击"添加"自选按钮，在选择框上单击右键，选择"指定宏"菜单命令。弹出"指定宏"对话框，单击"新建"按钮，在显示的模块代码文本里输入：Form1.show。编写完的代码如图 4-28 所示。

图 4-28　编写完的代码

⑭ 打开工作簿"学生管理系统 .xlsx",切换到"学生基本信息表"中并输入一条数据,切换到"登录界面",当鼠标移至"添加"按钮变为手形时单击,随后弹出"新增学生资料"窗体,如图 4-29 所示。

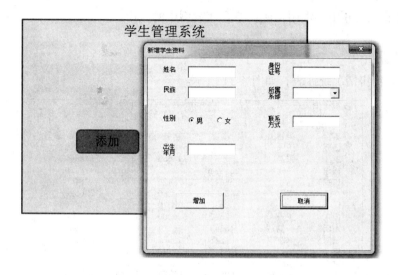

图 4-29 "新增学生资料"窗体

⑮ 在各控件中逐条输入内容,当各项内容输入完毕后,单击"增加"按钮保存数据,如图 4-30 所示。可以重复在"新增学生资料"窗体中输入学生资料,当完成输入后单击"取消"按钮即可退出该窗体,返回主界面。

	A	B	C	D	E	F	G	H
					学生基本信息表			
	编号	姓名	性别	民族	出生年月	身份证号	所属系部	联系方式
	Y0001	王建	男	汉	1970/8/8	110101197008081101	英语	89768182
	Y0002	刘铮	女	汉				
	Y0003	张诚	女	汉				
	Y0004	刘鹏	男	满				
	Y0005	宋岩	男	回				
	Y0006	张笑	女	汉				
	Y0007	王鑫	男	汉				

图 4-30 新增学生资料

实验七　Excel 2010 综合实验

【实验目的】

熟练掌握 Excel 中各常用功能在综合性案例中的应用。

【实验要求】

1）建立销售情况统计表，如图 4-31 所示。

	A	B	C	D	E	F	G
1	公司销售情况统计						
2	省份	销售员	第一季度	第二季度	第三季度	第四季度	合计
3	江苏	王天	2102600	2546321	1958422	2365410	
4	浙江	张磊	1896540	1745655	1958630	2148950	
5	福建	陈晓华	2351240	2389545	2854620	2415230	
6	广东	赵锐	3658420	3875420	3521480	4125400	
7	广西	李阳	854210	754230	945860	796590	
8	辽宁	李小林	26350	36210	42150	35210	
9	山东	王天	625400	650000	560100	523250	
10	山西	张磊	135456	165324	187596	201589	
11	云南	陈晓华	12450	13562	15241	14230	
12	黑龙江	赵锐	658420	632540	695450	758450	
13	甘肃	李阳	321580	354890	356825	356845	
14	河北	李小林	698745	785421	756890	745965	
15	河南	李小林	548550	596340	584680	584620	
16							
17							

图 4-31　销售情况统计表

2）使用函数计算出销售总额。

3）将销售情况统计表的标题居中显示，并将字体设置为"华文行楷"、18 号字，颜色为"深蓝，文字 2，淡色 40%"，并将表内其他区域字体设置为"楷体 _GB2312"、14 号字，颜色为"橄榄色，强调文字颜色 3，淡色 40%"。

4）筛选出销售总额大于或等于 2154750 的销售数据记录。

5）按"销售员"列进行分类汇总。

6）用三维柱形图表示每个季度的销售业绩情况表，将图表标题命名为"业绩展示"。

7）显示出每个销售员每个季度的总销售额及全年销售额。

【实验步骤】

1）打开 Excel 2010 并新建一个工作表，如图 4-31 所示输入数据，重命名工作表 Sheet1 为"公司销售业绩"。

2）选择单元格 G3，在编辑栏中输入"=sum（C3:F3）"，按 Enter 键，并用填充柄填充该列。

3）选择单元格区域 A1:G1，在"开始"选项卡中，单击"对齐方式"组中的"合并后居中"按钮。在"开始"选项卡中，选择"字体"组中"字体"文本框右侧的下拉箭头，在弹出的下拉菜单中选择"华文行楷"，"字号"文本框中输入"18"，再单击"字体"组中的"填充颜色"按钮，在弹出的调色板中选择"深蓝，文字 2，淡色 40%"选项。选择 A2:G2

单元格区域，在"开始"选项卡中，选择"字体"组中"字体"文本框右侧的下拉箭头，在弹出的下拉菜单中选择"楷体_GB2312"，在"字号"文本框中输入"14"，再单击"字体"组中的"填充颜色"按钮，在弹出的调色板中选择"橄榄色，强调文字颜色3，淡色40%"选项。选择单元格区域 A2: G15，在"开始"选项卡中，单击"对齐方式"组中的"居中"按钮，再单击"字体"选项组中的"填充颜色"按钮，在弹出的调色板中选择"深红色"选项，如图 4-32 所示。

	A	B	C	D	E	F	G	H
1				公司销售情况统计				
2	省份	销售员	第一季度	第二季度	第三季度	第四季度	合计	
3	江苏	王天	2102600	2546321	1958422	2365410	8972753	
4	浙江	张磊	1896540	1745655	1958630	2148950	7749775	
5	福建	陈晓华	2351240	2389545	2854620	2415230	10010635	
6	广东	赵锐	3658420	3875420	3521480	4125400	15180720	
7	广西	李阳	854210	754230	945860	796590	3350890	
8	辽宁	李小林	26350	36210	42150	35210	139920	
9	山东	王天	625400	650000	560100	523250	2358750	
10	山西	张磊	135456	165324	187596	201589	689965	
11	云南	陈晓华	12450	13562	15241	14230	55483	
12	黑龙江	赵锐	658420	632540	695450	758450	2744860	
13	甘肃	李阳	321580	354890	356825	356845	1390140	
14	河北	李小林	698745	785421	756890	745965	2987021	
15	河南	李小林	548550	596340	584680	584620	2314190	
16								
17								

图 4-32 填充颜色

4）在"数据"选项卡中，单击选择"排序和筛选"组中的"筛选"按钮，然后单击"合计"列右侧出现的下拉箭头，在弹出的下拉列表中选择"数字筛选"中的"自定义筛选"。弹出"自定义自动筛选方式"对话框，在"合计"下拉列表框中选择"大于或等于"选项，在其后的文本框中输入数值"2154750"，如图 4-33 所示，单击"确定"按钮。

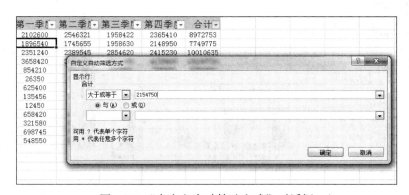

图 4-33 "自定义自动筛选方式"对话框

5）选择 B3 单元格，单击"数据"选项卡"排序和筛选"选项组中的"升序"按钮，依据"销售员"列对工作表进行排序。在"数据"选项卡中，单击"分级显示"组中的"分类汇总"按钮，弹出"分类汇总"对话框，在"分类字段"下拉列表框中选择"销售员"选项，"汇总方式"下拉列表框中选择"求和"选项，在"选定汇总项"列表框中选择"合计"复选框，单击"确定"按钮，如图 4-34 所示。

1 2 3		A	B	C	D	E	F	G
	1	公司销售情况统计						
	2	省份	销售员	第一季度	第二季度	第三季度	第四季度	合计
	3	福建	陈晓华	2351240	2389545	2854620	2415230	10010635
	4	云南	陈晓华	12450	13562	15241	14230	55483
	5		陈晓华 汇总					10066118
	6	辽宁	李小林	26350	36210	42150	35210	139920
	7	河北	李小林	698745	785421	756890	745965	2987001
	8	河南	李小林	548550	596340	584680	584620	2314190
	9		李小林 汇总					5441131
	10	广西	李阳	854210	754230	945860	796590	3350890
	11	甘肃	李阳	321580	354890	356825	356845	1390140
	12		李阳 汇总					4741000
	13	江苏	王天	2102600	2546321	1958422	2365410	8972753
	14	山东	王天	625400	650000	560100	523250	2358750
	15		王天 汇总					11331503
	16	浙江	张磊	1896540	1745655	1958630	2148950	7749775
	17	山西	张磊	135456	165324	187596	201589	689965
	18		张磊 汇总					8439740
	19	广东	赵锐	3658420	3875420	3521480	4125400	15180720
	20	黑龙江	赵锐	658420	632540	695450	758450	2744860
	21		赵锐 汇总					17925580
	22		总计					57945102

图 4-34 分类汇总

6）在公司销售情况统计表中选择除标题行以外的其他区域，从"插入"选项卡中的"图表"组里选择"三维簇状柱形图"，从"图表工具–设计"选项卡下面的"图表布局"组内选择"布局1"，从"图表工具–设计"选项卡下面的"数据"组内选择"切换行/列"，右击图表标题，单击"编辑文字"，输入"业绩展示"，如图 4-35 所示。

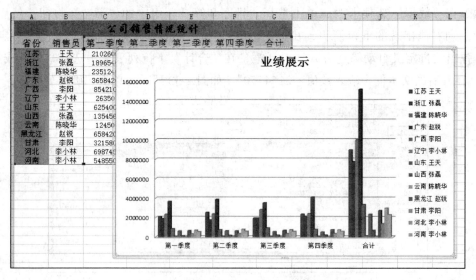

图 4-35 插入三维柱形图

7）在"插入"选项卡中，单击"表格"组中的"数据透视表"按钮，在弹出的下拉菜单中选择"数据透视表"选项。弹出"创建数据透视表"对话框，将鼠标指针定位在"表/区域"文本框中，并选择"公司销售业绩"工作表中的 A2:G15 单元格区域，在"选择放置数据透视表的位置"区域中选择"新工作表"单选按钮，单击"确定"按钮。自动新建一个工作表显示数据透视表，将此工作表重命名为"数据透视表"。在"数据透视表字段列表"

窗格中的"选择要添加到报表的字段"中按顺序依次选择"销售员"、"第一季度"、"第二季度"、"第三季度"、"第四季度"和"合计"复选项,则"销售员"字段自动出现在"行标签"中。"第一季度"、"第二季度"、"第三季度"、"第四季度"和"合计"字段自动出现在"数值"中,同时"列标签"中出现数值,如图 4-36 所示。

行标签	求和项:第一季度	求和项:第二季度	求和项:第三季度	求和项:第四季度	求和项:合计
陈晓华	2363690	2403107	2869861	2429460	10066118
李小林	1273645	1417971	1383720	1365795	5441131
李阳	1175790	1109120	1302685	1153435	4741030
王天	2728000	3196321	2518522	2888660	11331503
张磊	2031996	1910979	2146226	2350539	8439740
赵锐	4316840	4507960	4216930	4883850	17925580
总计	13889961	14545458	14437944	15071739	57945102

图 4-36　数据透视表

8)关闭"数据透视表字段列表"对话框并保存。

第 5 章　PowerPoint 2010

实验一　PowerPoint 2010 的基本操作

【实验目的】

1. 掌握 PowerPoint 2010 的启动和退出方法。
2. 熟悉 Ribbon 菜单的特色和操作方式。
3. 掌握演示文稿的创建、编辑、保存和放映方法。
4. 掌握幻灯片的复制、移动、删除等基本操作。

【实验要求】

1）启动 PowerPoint 2010，新建一个演示文稿，观察选项卡、功能区和窗口布局。

2）将演示文稿文件保存在 E 盘上，命名为"办公自动化软件学习"。

3）在首张幻灯片中输入标题文本和副标题文本信息，并设置字体格式。

4）设置幻灯片背景："填充"效果为"渐变填充"，预设颜色为"薄雾浓云"。

5）利用工具栏上"新建幻灯片"的方法，插入第 2 张幻灯片并输入文本，设置文字和段落格式。

6）利用组合键 Ctrl+M，快速插入第 3 张幻灯片，输入文本，设置相应格式。

7）在大纲窗格中用 Enter 键快速插入第 4 张幻灯片，用右键快捷菜单法插入新幻灯片 5。

8）保存当前文件，放映幻灯片查看设计效果，用不同方法切换上一张和下一张幻灯片。

9）试用不同方法实现幻灯片复制：复制第 3 张幻灯片作为第 6 张，复制第 4 张幻灯片作为第 7 张，复制第 5 张幻灯片作为第 8 张，复制第 2 张幻灯片作为第 9 张。

10）在幻灯片 3 和 6、4 和 7 的标题后分别加（一）或（二），并分别移动幻灯片 6 和 7 至幻灯片 3 和 4 之后。

11）删除第 8 张幻灯片，将第 9 张修改为如图 5-1 最后一张幻灯片所示效果。

12）分别从第 2 张、第 3 张和第 5 张幻灯片开始放映，用不同的方法实现。

13）保存并关闭文件，但不退出 PowerPoint 2010。

14）打开文稿"办公自动化软件学习"，另存为放映文件"OA.ppsx"，退出 PowerPoint 2010。

15）打开 OA.ppsx 放映文件观看效果。

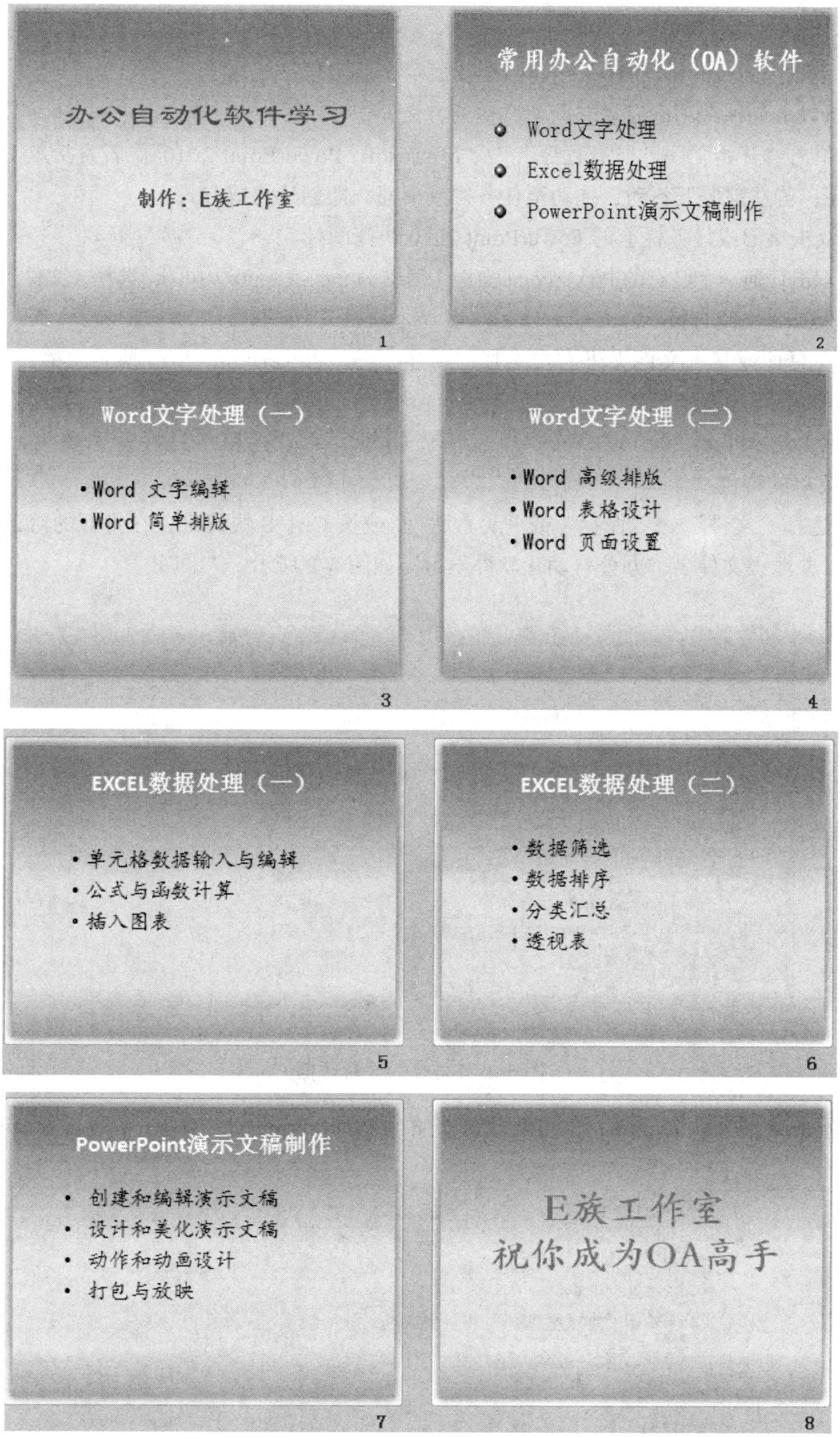
办公自动化软件学习
制作：E族工作室
1
常用办公自动化（OA）软件
Word文字处理
Excel数据处理
PowerPoint演示文稿制作
2
Word文字处理（一）
• Word 文字编辑
• Word 简单排版
3
Word文字处理（二）
• Word 高级排版
• Word 表格设计
• Word 页面设置
4
EXCEL数据处理（一）
• 单元格数据输入与编辑
• 公式与函数计算
• 插入图表
5
EXCEL数据处理（二）
• 数据筛选
• 数据排序
• 分类汇总
• 透视表
6
PowerPoint演示文稿制作
• 创建和编辑演示文稿
• 设计和美化演示文稿
• 动作和动画设计
• 打包与放映
7
E族工作室
祝你成为OA高手
8

图 5-1　新建演示文稿

【实验步骤】

1）启动 PowerPoint 2010，创建一个新演示文稿。

尝试以下几种常用的启动并新建文稿的方法：

① 单击"开始"→"所有程序"→"Microsoft PowerPoint 2010"。若直接单击即打开应用程序；若左键按下不动，拖动至任务栏或桌面，即创建快捷方式。

② 双击桌面或任务栏上的 PowerPoint 2010 快捷图标。

③ 双击任何一个已有的 PowerPoint 文档（后缀为 .ppt 或 .pptx 均可），选择"文件"→"新建"或按 Ctrl+N 组合键。

④ 在桌面或某一文件夹下右击选择"新建"→"PowerPoint 2010 演示文稿"，命名后双击打开。

观察 PowerPoint 2010 窗口布局，主窗体相似，菜单栏和工具栏差别较大，这正是 Ribbon 菜单的特色。

2）选择"文件"→"保存"或"另存为"，或按 Ctrl+S 快捷键，在打开的对话框中选择 E 盘，并输入文件名"办公自动化软件学习"如图 5-2 所示。

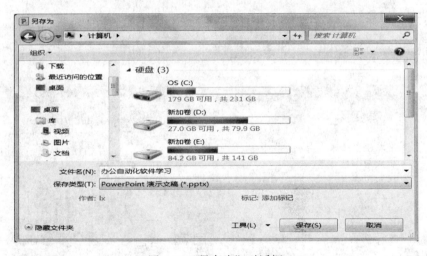

图 5-2 "另存为"对话框

注意：类型默认为 pptx，也可选较低版本的 PowerPoint 97-2003，扩展名为 ppt。如图 5-3 所示。

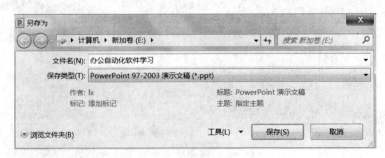

图 5-3 保存类型对话框

3）在第一张空白幻灯片中单击标题栏占位符，输入标题文本："办公自动化软件学习"，通过"开始"选项卡"字体"组设置格式：隶书、60磅、文字阴影、深红色，在副标题占位符中输入副标题文本："制作：E族工作室"，设置为：楷体、40磅、加粗、紫色。

4）在幻灯片空白处右击，选择"设置背景格式"，设置"填充"效果为"渐变填充"，预设颜色为"薄雾浓云"，调整"渐变光圈"，然后自行设置"艺术效果"和"图片颜色"等其他选项。选择"关闭"则只对当前幻灯片有效，选择"全部应用"则会将背景格式应用到本演示文稿中的所有幻灯片，在此选择后者。如图5-4所示。

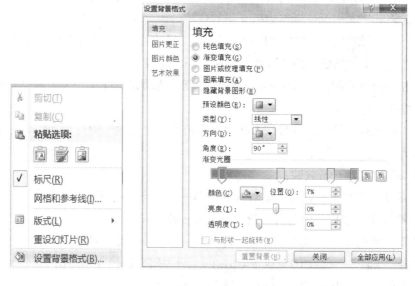

图 5-4　设置背景格式

5）在"开始"选项卡选择"新建幻灯片"按钮，插入第2张空幻灯片，输入标题："常用办公自动化（OA）软件"，设置格式为：楷体、48磅、黄色、加粗、文字阴影；在文本区输入三行文字：Word文字处理、Excel数据处理、PowerPoint演示文稿制作，单击文本区边框，利用"字体"组命令设置字体格式：宋体、40磅、黑色，利用"段落"组命令设置：段前段后12磅、项目符号为自定义小图片图标。

6）按Ctrl+M组合键，在第2张幻灯片后自动插入第3张幻灯片，标题为"Word文字处理"。

7）在窗口左边的大纲窗格中，选中第3张幻灯片，按Enter键，自动插入第4张新幻灯片，标题为"Excel数据处理"；选中第4张幻灯片，右击选择"新建幻灯片"，即自动插入第5张新幻灯片，标题为"PowerPoint演示文稿制作"。

8）单击"文件"→"保存"或按Ctrl+S组合键，保存当前演示文稿，按F5即从头开始全屏放映，单击鼠标，幻灯片依次播放直到第5张放映结束。

注意，与单击鼠标等价的播放下一张幻灯片的操作有：向下滚动鼠标滚轮、右击选择"下一张"、按回车（Enter）键、按↓键、→键、PageDown键。相反，播放上一张幻灯片的操作有：向上滚动鼠标滚轮、右击选择"上一张"、按↑键、←键、PageUp键。若需中途结束放映，按 Esc 键或右击"结束放映"即可退出；按 Home 键或 End 键可直接切换至首张或末张幻灯片。

9）在大纲窗格中使用三种方法实现第 3、4、5 张幻灯片的复制：

① 选中第 3 张幻灯片，按 Ctrl+C，再将光标移至最后一张幻灯片之后，按 Ctrl+V，新增第 6 张幻灯片与第 3 张相同。

② 选中第 4 张幻灯片，按住 Ctrl 键，拖动至最后一张幻灯片之后，出现幻灯片 7 与幻灯片 4 相同。

③ 选中第 5 张幻灯片，右击选择"复制幻灯片"，随即在当前幻灯片之后出现一张相同的新幻灯片，将其拖动移至最后作为第 8 张幻灯片。

④ 选中第 2 张幻灯片，单击工具栏上的"复制"按钮，然后将光标移至最后一张幻灯片后，单击工具栏上"粘贴"或"选择性粘贴"→"幻灯片"。

10）对相关幻灯片的标题和内容进行编辑更新，拖动原幻灯片 6 为当前第 4 张，拖动幻灯片 7 为当前第 6 张。

11）选中第 8 张幻灯片，直接按 Del 键或右击选择"删除"幻灯片，编辑原第 9 张幻灯片文本和格式。

12）从某张幻灯片开始放映：

① 选中第 2 张幻灯片，选择"幻灯片放映"→"从当前幻灯片开始"。

② 选中第 3 张幻灯片，单击右下角"幻灯片放映"按钮。

③ 选中第 5 张幻灯片，按 Shift+F5，即从当前幻灯片开始播放。

13）选择"文件"→"关闭"或按 Ctrl+F4，只关闭文稿，并不退出 PowerPoint 2010。

14）本操作分三个步骤完成：打开、另存、退出。

① 单击"文件"→"打开"，在 E 盘下选择"办公自动化软件学习"文件。

② 选择"文件"→"另存为"，路径设为当前目录（E 盘），文件名改为"OA"，文件类型选择"PowerPoint 放映（*.ppsx）"。

③ 可尝试以下几种退出方法：

•"文件"→"退出"。

• 按 Alt+F4 键。

• 单击标题栏右上角"关闭"按钮。

• 双击标题栏左上角的控制菜单按钮。

• 单击或右击标题栏左上角的控制菜单按钮，选择"关闭"选项。

15）在 E 盘上双击 OA.ppsx 或右击"显示"，打开后自动全屏播放所有幻灯片，此时只可预览观看，不可进行编辑和修改操作。

实验二　演示文稿视图和母版视图

【实验目的】

1. 了解 PowerPoint 2010 各种幻灯片的视图方式和作用，并掌握相关操作。

2. 掌握 PowerPoint 2010 母版视图的作用和设置方法。

【实验要求】

1）打开"实验一"中设计好的演示文稿，查看"视图"选项卡中主要工具栏选项。

2）在四种不同的演示文稿视图下分别显示当前演示文稿。

① 比较"普通视图"下幻灯片视图和大纲视图的区别，并在两种视图下进行幻灯片顺序的移动，将幻灯片 8 先移至幻灯片 1 之后，再移动至最后一张。

② 在"幻灯片浏览"视图下调节幻灯片显示比例为 100%、75%、66%、20%、125%、200%，并进行不同数量幻灯片的复制和移动：将第 1 张复制至第 8 张之前；将第 3、4、7 张幻灯片移动至最后一张之后；将当前第 2、3 张幻灯片移动至第 9 张之前；将第 2 张幻灯片移动至第 5 张之前；删除第 1 张幻灯片。

③ 在"阅读视图"下预览幻灯片，并通过右下角的左右箭头控制操作。

④ 在"备注页"视图中为前 3 张幻灯片添加备注文本：

第 1 张：E 族工作室由计算机系学生社团"E 族联盟"于 2012 年组建。

第 2 张：OA=Office Automation，字号 40 磅，Times NewRoman。

第 3 张：所用版本为 OFFICE 2010，字号 32 磅，华文隶书，调整上下区域大小。

3）在"幻灯片母版"中设置主题为"office 主题"或"主管人员"，插入时间和页码等页脚信息，并设置所有幻灯片的切换效果为"随机线条"，持续时间为 0.5 秒，换片方式为 5 秒自动换片。

【实验步骤】

1）打开文件"办公自动化软件学习 .pptx"，选择"视图"选项卡，可见"演示文稿视图"、"母版视图"等选项组。如图 5-5 所示。

图 5-5　演示文稿视图和母版视图

2）在"演示文稿视图"中依次选择不同的视图方式，观察显示效果。

普通视图：与常规编辑状态下的效果相同，左边的大纲窗格与右边的幻灯片区与备注区均有线条分隔，但可通过拖动来调整各区大小；切换"幻灯片"和"大纲"视图，在左边区域分别显示幻灯片缩略图和幻灯片文本（在"大纲"视图下右击可折叠文本只显示标题，或展开显示全部文本）。见图 5-6。

在两种视图下，直接拖动幻灯片图标或标题，可实现幻灯片的快速移动和复制。将幻灯片 8 先移至幻灯片 1 之后，再移动至最后一张。

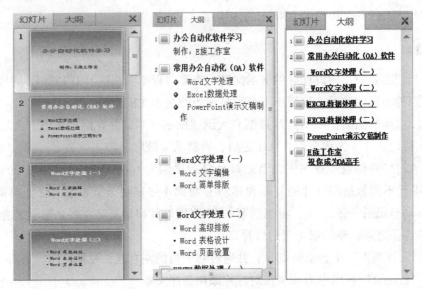

图 5-6 "幻灯片"和"大纲"视图

在"幻灯片浏览"视图中,可对幻灯片的大小进行缩放。方法有三种:

① 通过鼠标滚轮来调节:向上滚为放大,向下滚为缩小。

② 通过右下角比例尺的滑块来调节,见图 5-7。

图 5-7 调节比例尺的滑块

③ 单击工具栏上"显示比例"按钮,在"显示比例"对话框中设置所需比例。

图 5-8 "显示比例"按钮和对话框

图 5-9 为 100% 的浏览效果,图 5-10 为 30% 的浏览效果。

图 5-9   显示比例为 100%

图 5-10   显示比例为 30%

在"幻灯片浏览"视图下对不同数量幻灯片进行复制和移动：

① 将第 1 张复制至第 8 张之前：选中第 1 张，按住 Ctrl 键拖动至相应位置。

② 将第 3、4、7 张幻灯片移动至最后 1 张之后：按住 Ctrl 键，依次选择不连续的三张幻灯片，选定后释放 Ctrl 键，将它们拖至最后。

③ 将当前第 2、3 张幻灯片移动至第 9 张之前：选择起始幻灯片 2，按住 Shift 键，选择终止幻灯片 3，释放后拖动至相应位置（本操作中按 Ctrl 键也可）。

④ 将第 2 张移动至第 5 张之前：直接拖动即可，借助于剪切和粘贴操作也可实现。

⑤ 删除第 1 张幻灯片：选中后直接按 Del 键或右击选择"删除幻灯片"。

在"阅读视图"下预览幻灯片，相当于从头开始非全屏放映幻灯片。通过右下角的左右箭头可控制幻灯片向上或向下翻页，右击可进行重新定位、全屏放映和退出放映等。

在工作窗口右下角的状态栏中，有 4 个视图图标可供快速选择切换，如图 5-7 所示，分别为普通视图、幻灯片浏览视图、阅读视图和幻灯片放映视图。

在"备注页"视图中为前 3 张幻灯片添加备注文本并设置格式，效果如图 5-11 所示。

3）在"母版视图"组中选择"幻灯片母版"，分别进行以下操作并按 F5 键放映效果。

① 在"编辑主题"组中，设置主题为"office 主题"或"主管人员"。

② 单击"插入"→"日期和时间"，在"页眉和页脚"对话框中进行如图 5-12 所示设置。

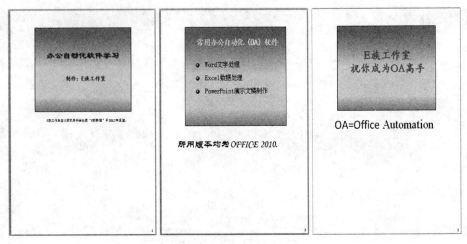

图 5-11　添加备注文本

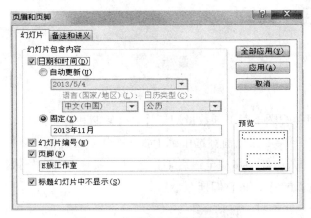

图 5-12　"页眉和页脚"对话框

③ 单击"切换"选项卡（如图 5-13 所示），设置幻灯片切换效果为"随机线条"，持续时间为 0.5 秒，换片方式为自动换片，时间为 5 秒钟，单击"全部应用"，关闭母版，按 F5 键放映。

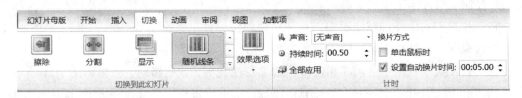

图 5-13　"切换"选项卡

实验三　在幻灯片中插入文本框、图形、图片和音频

【实验目的】

1. 掌握在幻灯片中插入文本和图形的方法。

2. 掌握在幻灯片中插入图片和音频文件的方法。

【实验要求】

1）制作"毛绒玩具宣传海报"演示文稿。

2）在首张幻灯片中输入标题"毛绒玩具宣传海报"，插入动物毛绒玩具图片作为背景。

3）连续插入 5 张幻灯片，分别设置标题文本为：抱抱泰迪熊、大型抱抱熊、爱恋抱抱熊、可爱猪公仔、碎花抱抱兔。

4）在每张幻灯片中插入不同的玩具图片。

5）在每张幻灯片中插入文本框和图形，对产品进行说明，如图 5-14 所示。

图 5-14　文本框和图形

6）在首张幻灯片插入音乐文件，放映并预览效果。

幻灯片浏览效果图如图 5-15 所示。

图 5-15　浏览效果图

【实验步骤】

1）启动 PowerPoint 2010，新建"毛绒玩具宣传海报 .pptx"演示文稿。

2）在第一张幻灯片的标题占位符中输入文本"毛绒玩具宣传海报"；设置字体格式为华文行楷，80 磅；填充颜色为浅黄，透明度为 70%；背景图片的插入：查找或下载一张卡通或毛绒玩具图片文件，在磁盘上打开后复制并粘贴至当前幻灯片中，或单击"插入"→"图像"→"图片"选择相应文件，在幻灯片中调整图片的大小和位置，使其平铺至整个幻灯片页面。

注意：此时图片遮挡住了设置好的标题文本，右击图片，选择"置于底层"即可，或在设置标题文本后，右击"置于顶层"。

3）按 Ctrl+M 组合键或在左边大纲窗格中按 Enter 键，插入第 2 张幻灯片，也可采用实验一介绍的多种新建幻灯片的方法来完成。输入标题文本，设置为 44 磅"微软雅黑"字体。第 3 ~ 6 张幻灯片的插入与编辑，可按上述步骤分别设计，也可（在普通视图或幻灯片浏览视图）通过复制整个幻灯片 2 为新幻灯片再修改文字的方法实现。

4）查找所需图片素材（可不同于效果图），在第 2 ~ 6 张幻灯片左下角区域插入图片，适当调整大小、位置、旋转角度等，使排版美观；但上述操作过于麻烦，可采用"插入相册"功能快速完成。操作方法为：单击"插入"→"图像"→"相册"，选择"新建相册"，在弹出的"相册"对话框中设置图片来源、显示文本内容、相册版式后，自动生成相册，单击"浏览"或"创建"可查看效果。系统会自动根据某一目录下的一组图片创建和编辑，也可分别选择不同路径的图片文件形成集合进行创建，其中每个图片自动占用一张幻灯片。

5）在右下角区域插入文本框，分行输入宣传产品的形态、颜色分类、产地、外部材质、填充物和大小等属性值，在"字体"中设置：黑体、20 磅、下划线样式为"点虚线"，颜色可自定义，在"段落"中设置项目符号；单击"插入"→"形状"→"基本形状"→"左中括号"，在幻灯片中文本框左边绘制一个中括号图形，大小恰好括住六行文本，右击选择"设置形状格式"，设置线条颜色为红色，线型宽度为 4.5 磅，其他参数默认。

提示：由于第 2 ~ 6 张幻灯片右下角的文本和中括号图形相似，只需将第 2 张的文本框和图形设置好后，复制到第 3 ~ 6 张幻灯片相应位置并修改文字即可。

6）从本机选择或从网上下载一首相关主题的音乐（如 I am a Gummy Bear），在幻灯片首页单击"插入"→"音频"→"文件中的音频"，出现小喇叭图标。可根据音乐节奏设置幻灯片自动放映的切换时间，以达到更好效果，效果图中第 2 张幻灯片时间为 3 秒，其余均为 5 秒。

7）剪裁和编辑音频。对于插入幻灯片中的音频和视频，不仅可以进行播放欣赏，还可以根据需要进行编辑，如调整音量、裁剪片断等。选择幻灯片中的音频对象，单击选项区"音频工具 – 播放"→"剪裁音频"，或右击音频图标（小喇叭）选择"剪裁音频"，通过试听并拖动音频轴上的滑块来设定起止位置，绿色滑块标记开始时间、红色滑块标记结束时间，蓝色线条标记当前音频进度。如图 5-16 所示。

图 5-16   "剪裁音频"对话框

8）按 F5 键放映，根据预览效果进行编辑修改和设置，直至满意。

实验四　在幻灯片中插入特殊符号和数学公式

【实验目的】

1. 掌握在幻灯片中插入特殊符号的方法。

2. 掌握在幻灯片中插入数学公式的方法。

【实验要求】

1）在幻灯片中插入图 5-17a 中的内容。

2）在幻灯片中插入图 5-17b 所示的数学公式。

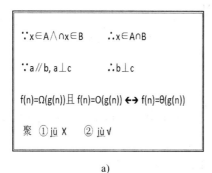

a)

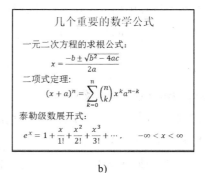

b)

图 5-17   特殊符号和数学公式

【实验步骤】

1）新建演示文稿，在第 1 张幻灯片中单击"插入"→"符号"，在符号列表中选择相应符号插入即可。也可在 Word 2010 中插入符号复制至幻灯片。

2）在第 2 张幻灯片中单击"插入"→"公式"，弹出公式列表，选择求根公式、二项式定理、泰勒级数展开式等分别插入幻灯片并调整位置和尺寸。如图 5-18 所示。

3）对幻灯片中的公式和符号设置字号、调整位置，按 F5 键放映观看，修改后保存文件。

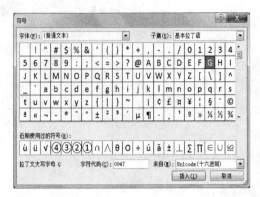

图 5-18   插入符号和公式

在放映幻灯片过程中，可借助绘图笔和激光笔来指示或强调相关内容，选取与幻灯片背景及对象颜色相匹配的绘图笔颜色和激光笔颜色，以增强演示效果。操作：在放映幻灯片时显示激光笔，按 Ctrl 键和鼠标左键，松开按钮即释放激光笔。

实验五   在幻灯片中插入基本图形和 SmartArt 图形

【实验目的】

1. 巩固幻灯片母版的设计方法。
2. 掌握在幻灯片中插入基本图形的方法。
3. 掌握在幻灯片中插入 SmartArt 图形的方法。
4. 掌握对多个图形的组合设置。

【实验要求】

1）新建演示文稿"演示文稿制作技巧 .pptx"。

2）在首张幻灯片中输入标题文本"演示文稿制作技巧"，在第 2 ~ 6 张幻灯片中分别插入如图 5-19 所示的幻灯片标题。

3）在幻灯片中插入图 5-19 效果中的图标、图形和相应文本。

4）放映幻灯片，预览效果，编辑和修改后保存文件。

【实验步骤】

1）启动 PowerPoint 2010，新建文件"演示文稿制作技巧 .pptx"并保存在 E 盘。

2）在"母版视图"组打开幻灯片母版，设置第 1 张幻灯片的标题文本为红色、华文楷体、54 磅，第 2 张幻灯片标题文本设为红色、微软雅黑、35 磅。关闭母版视图，在首张标题栏输入"演示文稿制作技巧"，在第 2 ~ 6 张幻灯片中分别输入标题文本。

3）依次为每张幻灯片插入图片文本：

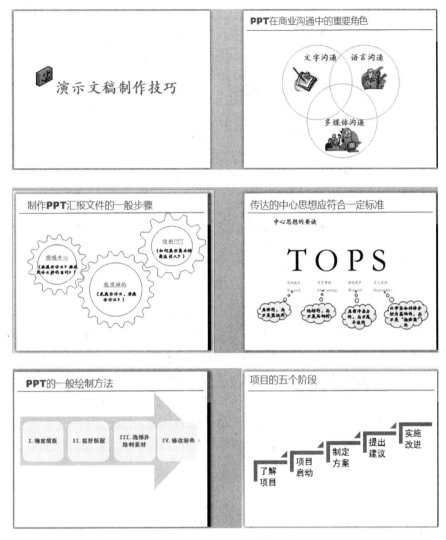

图 5-19　幻灯片浏览效果图

第 1 张幻灯片：单击"插入"→"剪贴画"或"图片"，插入已有图标；或者单击"插入"→"形状"→"基本形状"，先后选择"立方体"和"笑脸"，设置大小、颜色和旋转方向。

第 2 张幻灯片：单击"插入"→"形状"→"基本形状"→"椭圆"，按住 Shift 键，在幻灯片中用鼠标绘制一个正圆形，右击选择"设置形状格式"，设置颜色为橙色，填充为"无填充"，高度和宽度各为 9 厘米。按住 Ctrl 键，拖动此圆形至不同位置，使三个相同的圆交叉为实验要求的效果。在每个圆中插入"文本框"和"剪贴画"，设置颜色、大小和位置。

为使所有图形和文本元素成为一个整体，方便移动或复制，需要将其进行组合。操作方法：按住 Ctrl 或 Shift 键，依次选择各个图形和文本对象，右击选择"组合"。如图 5-20 所示。

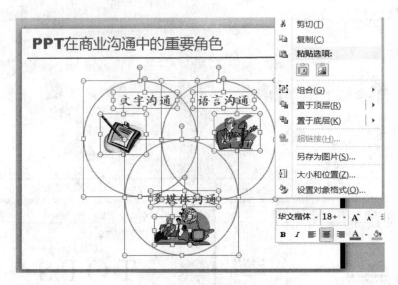

图 5-20　组合图形

第 3 张幻灯片：单击"插入"→"形状"→"基本形状"→"椭圆"，与上一步操作相似，绘制出 3 个大小不等的正圆；再选择"插入"→"SmartArt"→"齿轮"，调整位置和大小，设置线条和填充颜色，再在图内插入"横排文本框"添加文字。

第 4 张幻灯片：输入并编辑字符"TOPS"后，单击"插入"→"形状"→"基本形状"→"标注"→"云形标注"（见图 5-21），在幻灯片中拖动鼠标，绘制出云状标注图形，对文本进行标记，右击选择"设置形状格式"设置填充颜色为"浅绿"，大小和位置确定后，右击选择"编辑文字"，设置字体格式。最后如前所述方法对当前幻灯片中所有图形元素进行组合。

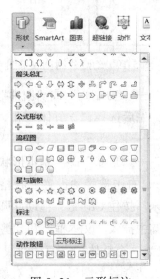

图 5- 21　云形标注

第 5 张幻灯片：单击"插入"→"SmartArt"，选择"流程"类别中的"连续块状流程"。如图 5-22 所示。

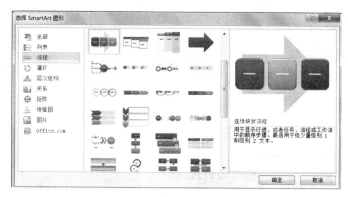

图 5-22　连续块状流程

在 "SmartArt 工具 – 设计" 选项卡中进行 "添加形状"、"更改颜色" 等操作。如图 5-23 所示。

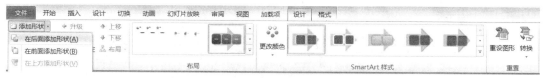

图 5-23　"SmartArt 工具 – 设计" 选项卡

在文本编辑区输入文字后，调整位置、大小和格式。如图 5-24 所示。

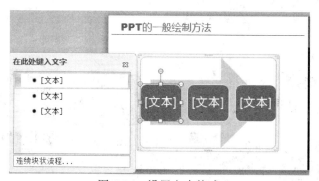

图 5-24　设置文本格式

第 6 张幻灯片：单击 "插入" → "SmartArt"，选择 "流程" 类别中的 "步骤上移流程"，如图 5-25 所示；与上面设计方法相同，进行形状添加和颜色更改等操作，编辑和设置文字并保存即可。

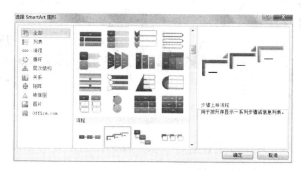

图 5-25　步骤上移流程

4）放映幻灯片，预览效果，对图形和文字做局部修改和美化后最终保存。

实验六　插入和编辑超链接

【实验目的】

1. 掌握对幻灯片文本设置超链接。
2. 掌握设置动作按钮的方法。
3. 掌握修改、编辑、复制和删除超链接。

【实验要求】

1）制作"重庆旅游指南"演示文稿，进行图文混排，效果如图 5-26 所示。

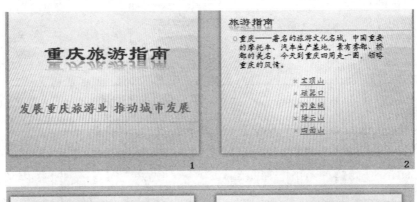

图 5- 26　新建演示文稿

2）在第 3～7 张幻灯片中分别设置"箭头"图形使返回至第 2 张幻灯片。

3）在实验一"办公自动化软件学习 .pptx"演示文稿为每张幻灯片（首张除外）设置

动作按钮，实现快速链接到上一张、下一张、第一张和最后一张幻灯片。实验效果如图 5-27 所示。

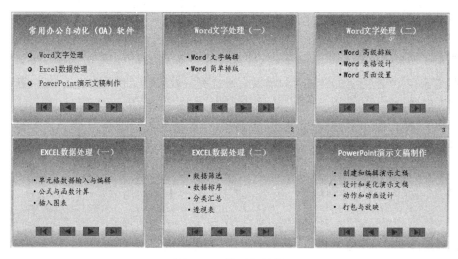

图 5-27 设置超链接

【实验步骤】

1）新建演示文稿"重庆旅游指南 .pptx"，在幻灯片中插入文本和图片，并作编辑和美化。首张标题设为紫色、隶书、80 磅，副标题设为红色、华文楷体、48 磅；第 2 张幻灯片标题设为黑色、隶书、44 磅，正文文本均为华文楷体、30 磅。

2）在第 2 张幻灯片中，选择文本"宝顶山"，右击选择"超链接"，在对话框中选择"本文档中的位置"→幻灯片 3，单击"确定"按钮。

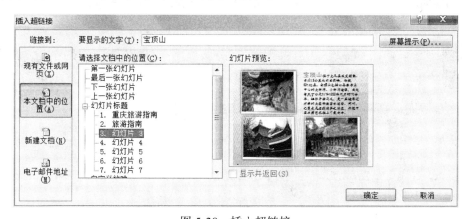

图 5-28 插入超链接

按照同样的方法，将磁器口、钓鱼城、缙云山、四面山分别链接至第 4、5、6、7 张幻灯片。

在幻灯片中，可为文本框、图形、声音等对象设置超链接，有以下三种方法：

① 单击选项卡"插入"→"超链接"。

② 右击弹出快捷菜单，选择"超链接"。

③ 按下组合键 Ctrl+K。

3）选择第 3 张幻灯片，单击"插入"→"形状"→"箭头总汇"→"直角上箭头"，在幻灯片右下角绘制，右击设置"超链接"至第 2 张幻灯片；选中设置超链接的箭头，复制并粘贴到第 4、5、6、7 张幻灯片相同的位置。通过放映发现它们的链接效果完全相同，即超链接的复制。如果需要修改链接位置，选择需编辑的超链接对象，右击选择"编辑超链接"，重置目标路径；对于不需要的链接，只需要右击选择"取消超链接"或者选择"编辑超链接"后单击"删除链接"。

4）打开文件"办公自动化软件学习 .pptx"，在第 2 张幻灯片上单击"插入"→"形状"→"动作按钮"，分别选择前四项，即后退、前进、开始、结束，其功能分别为链接到上一张、下一张、第一张和最后一张幻灯片。对 4 个按钮进行位置、大小、颜色、对齐方式等设置后，全选并复制，分别粘贴至第 3 ~ 7 张幻灯片上相同的位置。

实验七　幻灯片切换和动画设置

【实验目的】

1. 巩固幻灯片母版的设计方法。
2. 掌握设计幻灯片主题的方法。
3. 熟练掌握插入各种图形、图片、音乐文件。
4. 掌握幻灯片切换和动画设置方法。

【实验要求】

1）创建演示文稿"音乐 MTV_ 月亮代表我的心 .pptx"，浏览视图如图 5-29 所示。

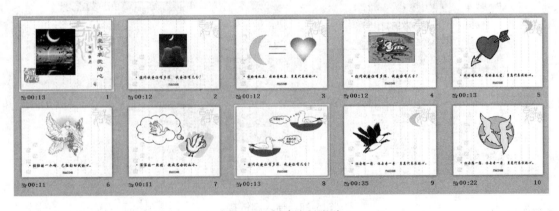

图 5-29　创建演示文稿

2）用母版设置"吉祥如意"主题，歌词华文行楷、28 磅，页脚显示"E 族工作室"。

3）在首张幻灯片中输入歌名信息，在之后的每张幻灯片中输入歌词并插入相关图片。

4）在幻灯片中插入歌曲"月亮代表我的心"，在首张放映时自动播放。

5）设置每张幻灯片中图形的动画效果和播放时长，使歌词与音乐及动画同步。

6）放映并修改设计效果，保存文件。

【实验步骤】

1）启动 PowerPoint 2010，新建文件"音乐 MTV_ 月亮代表我的心 .pptx"并保存在 E 盘。

2）打开"视图"→"幻灯片母版"，设置幻灯片底部的文本框文字格式为：华文行楷、28 磅，在页脚区输入"E 族工作室"。

3）在首张幻灯片中插入垂直文本，输入歌名"月亮代表我的心"，依次增加幻灯片，在底部分别输入歌词文本。

4）搜集月亮和爱情主题图片，根据歌词在每张幻灯片中插入相应图片、剪贴画或图形。

5）在首张幻灯片单击"插入"→"音频"，选择"月亮代表我的心"歌曲文件，出现小图标。

6）选择"切换"选项卡，在"换片方式"中，设置每张幻灯片换片时间，使歌词与音乐同步，在"动画"→"高级动画"窗格设置图片动态效果。

7）放映预览，根据预览效果做进一步修改和设计，最后保存文件。

实验八　幻灯片综合设计

【实验目的】

1. 巩固幻灯片的创建、编辑、移动等基本操作。
2. 熟练掌握插入和设置文本框、基本图形和 SmartArt 等对象的方法。
3. 巩固设置超链接的方法。
4. 学习设计动作路径的方法。
5. 熟练掌握动画设计和幻灯片切换的方法。

【实验要求】

1）制作"质点动力学 .pptx"课件，显示如图 5-30 所示内容。
2）设置幻灯片背景为蓝色、标题和主要文本颜色为白色。
3）根据幻灯片中内容间的关系，设置超链接。
4）在幻灯片 6 和 7 中，设置小球自定义路径动作。
5）设置个性化的幻灯片切换方式和动画效果。

【实验步骤】

1）启动 PowerPoint 2010，新建文件"质点动力学 .pptx"。
2）依次新建幻灯片，分别输入文本并进行基本格式设置。
3）在第 2 张幻灯片中，单击"插入"→"SmartArt"，在弹出的对话框中，在"列表"类别中选择"垂直曲形列表"（见图 5-31）。选择"垂直块列表"也可，再将块形状更改为

"菱形"，在文本区中输入数字和文本，大小和颜色自行设置。此操作也可通过依次插入菱形和水平文本框，然后分别输入文字的方法来代替。如图 5-32 所示。

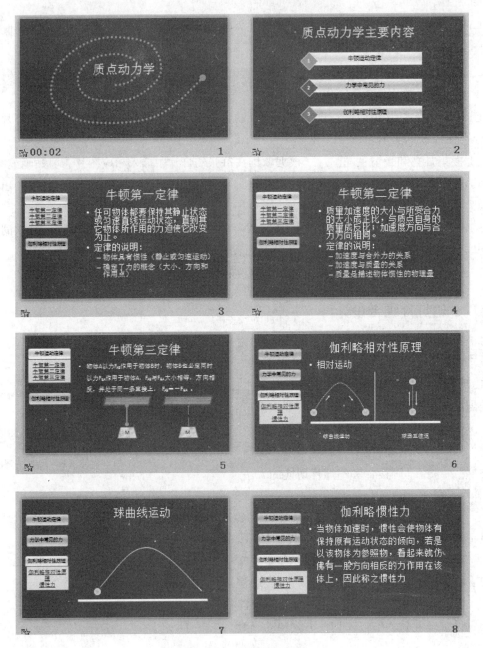

图 5-30　制作新课件

4）在第 3 张幻灯片中，将文本框设为"薄雾浓云"渐变填充。

5）将第 2 张幻灯片中的"牛顿运动定律"链接至第 3 张幻灯片，"伽利略相对性原理"链接至第 6 张幻灯片，将幻灯片 3 ～ 5 中的三个牛顿定律分别建立正确链接。

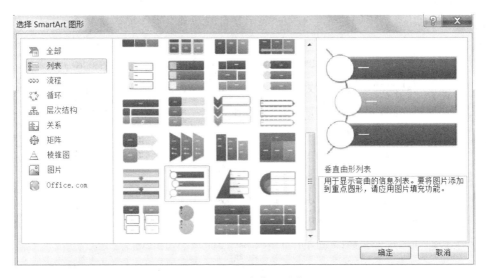

图 5-31　垂直曲形列表

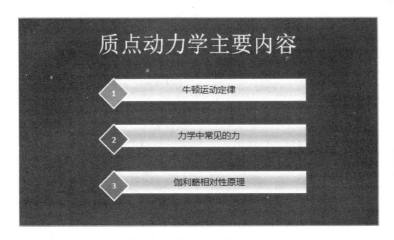

图 5-32　设计第 2 张幻灯片

6）设置小球动作路径。PowerPoint 2010 提供的动画功能，可为幻灯片中的某个对象指定一条移动线路，使其按照预想的效果进行跳动，这一路线称为"动作路径"。操作方法为：选定对象小球，在"动画"选项卡中单击"添加动画"按钮，选择"自定义路径"，在幻灯片中用鼠标绘制自由路径，其中绿色箭头和红色箭头分别指示动作路径的开端和结束，对象旁边出现的数字标记用来显示其动画顺序。

7）设置幻灯片的动画效果。

① 操作方法：选择幻灯片中的文本或图片对象，在"动画"选项卡的"动画"组中选择动画类型，在"动画选项"中设置对象消失点和内容播放序列，然后单击"高级动画"组中的"添加动画"和"动画窗格"，在打开的对话框中设置、显示和预览局部动画效果。

② 范例：将第 1 张和第 2 张幻灯片的标题文本设置"画笔颜色"动画，持续时间 5 秒；将副标题文本设为"缩放"动画，持续时间 3 秒，在"动画窗格"中，对幻灯片中的多个对象进行重排动画顺序，直接在对象列表中上下移动就可完成顺序调整。在幻灯片区域，每个

对象选框的左上角都有不同的数字编号，表示各自的动画呈现次序。每次重排操作后数字编号将自动更新。

8）为幻灯片分别设置切换效果，可在普通视图或幻灯片浏览视图下进行。

① 将首张幻灯片的切换方式设为"涟漪"，效果选项为"居中"，声音设为"推动"，持续时间设为 3 秒，设置自动换片时间为 2 秒，单击"全部应用"，则为所有幻灯片添加同一切换，否则只对所选幻灯片有效。

② 将第 2 张幻灯片的切换方式设为"推进"，效果选项为"自顶部"，声音设为"激光"，持续时间设为 5 秒。

③ 将第 3、4、5 张幻灯片的切换方式分别设为"揭开"。

④ 将第 6、7、8 张幻灯片的切换方式分别设为"窗口"、"摩天轮"和"传送带"。

9）放映幻灯片效果，修改完善后保存文稿，退出 PowerPoint。

第 6 章　计算机网络

实验一　组建局域网

【任务设置】

已知实验室购置 4 台计算机，现提供网线一捆、水晶头若干、集线器一个和制作网线工具一套，现在要求组建一个局域网。

【实验目的】

1. 了解网络设备。
2. 学会网络结构设计。
3. 掌握综合布线方法。
4. 掌握测试网络连通方法。

【背景知识】

1. 常用网络设备

（1）交换机

交换机即网络结点上话务承载装置、交换级、控制和信令设备以及其他功能单元的集合体。交换机能把用户线路、电信电路和其他要互连的功能单元根据单个用户的网络需求连接起来。

交换机的主要功能包括物理编址、错误校验、帧序列以及流控。目前交换机还具备了一些新的功能，如对 VLAN（虚拟局域网）的支持、对链路汇聚的支持，甚至有的还具备防火墙的功能，如图 6-1 所示。

图 6-1　交换机

（2）路由器

路由器是互联网的主要结点设备。由路由器决定数据的转发。转发策略称为路由选择（routing），这也是路由器（router，转发者）名称的由来。路由器的一个作用是连通不同的网络；另一个作用是选择信息传送的线路。选择通畅快捷的近路，能大大提高通信速度，减轻网络系统通信负荷，节约网络系统资源以及提高网络系统畅通率，从而让网络系统发挥出更大的效益。如图 6-2 所示。

图 6-2　路由器

（3）集线器

集线器即作为网络中枢连接各类结点，以形成星形结构的一种网络设备。

在环形网络中只存在一个物理信号传输通道，都是通过一条传输介质来传输的，这样就存在各结点争抢信道的矛盾，传输效率较低。引入集线器这一网络集线设备后，每一个站是用它自己专用的传输介质连接到集线器的，各结点间不再只有一个传输通道，各结点发回来的信号通过集线器集中，集线器再把信号整形、放大后发送到所有结点上，这样至少在上行通道上不再出现碰撞现象，如图 6-3 所示。

图 6-3　集线器

（4）中继器

中继器是物理层上面的连接设备。由于传输线路噪声的影响，承载信息的数字信号或模拟信号只能传输有限的距离，中继器的功能是对接收信号进行再生和发送，从而延长信号传输的距离，如图 6-4 所示。

图 6-4 中继器

（5）网桥

网桥即一种在数据链路层实现中继、常用于连接两个或更多个局域网的网络互连设备，在网络互连中它起到数据接收、地址过滤与数据转发的作用，用来实现多个网络系统之间的数据交换。

2. 通信介质

双绞线：作为一种传输介质，它是由两根包着绝缘材料的细铜线按一定的比率相互缠绕而成。图 6-5 为超 5 类双绞线，由四对相互缠绕的线对构成，共八根线。

图 6-5 双绞线

双绞线共有两种线型，分别为交叉线和直通线，两种线型被用在不同的场合中。交叉线一端采用 EIA/TIA 568A 线序，另一端采用 EIA/TIA 568B 线序。直通线两端都采用 EIA/TIA 568B 线序。

EIT/TIA 568A（见图 6-6）的线序为（从 1 到 8）：白绿，绿，白橙，蓝，白蓝，橙，白棕，棕。

EIA/TIA 568B（见图 6-6）的线序为（从 1 到 8）：白橙，橙，白绿，蓝，白蓝，绿，白棕，棕。

互连设备之间使用的线型如表 6-1 所示。

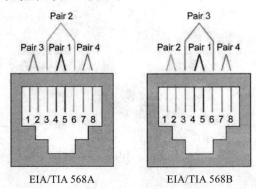

图 6-6　双绞线线序

表 6-1　互连设备之间使用的线型

互连设备	线型
计算机 – 计算机	交叉线
计算机 – 交换机	直通线
计算机 –UP-LINK 口	交叉线
交换机 – 交换机	交叉线
交换机 –UP-LINK 口	直通线
UP-LINK 口 –UP-LINK 口	交叉线

3. 压线钳和测试仪的使用

压线钳又称驳线钳，是用来压制水晶头的一种工具。常见的电话线接头和网线接头都是用压线钳压制而成的，见图 6-7。

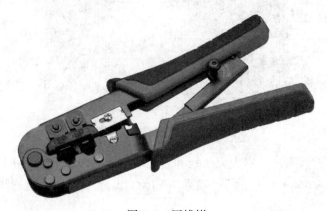

图 6-7　压线钳

网络电缆测试仪可以对双绞线 1、2、3、4、5、6、7、8 线对逐根（对）测试，并可区分判定哪一根（对）错线、短路和开路。

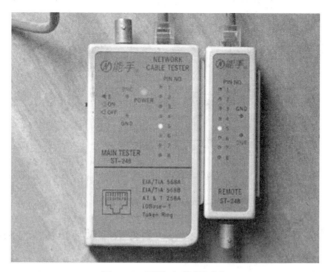

图 6-8　网络电缆测试仪

【实验环境与工具】

超 5 类双绞线 4 条；RJ-45 连接器（水晶头）8 个；压线钳 1 把；网络电缆测试仪（或万用表）1 只；集线器 1 个等。

【实验步骤】

1. 制作网线

1）利用压线钳剪下所需要的双绞线长度，至少 0.6 m，最多不超过 100 m，然后用压线钳在线的端头剥出 1.5 ～ 2.0 cm（左手持双绞线一端，右手持剥线工具，将双绞线夹在剥线工具刀口上。左手持线不动，右手持剥线工具旋转 3 ～ 4 圈，松开剥线工具，把剥开部分取下）。有一些双绞线电缆内含有一条柔软的尼龙绳，如果在剥除双绞线外皮时，觉得裸露出的部分太短，而不利于制作 RJ-45 接头，可以紧握双绞线外皮，再捏住尼龙线往外皮的下方剥开，这样可以得到较长的裸露线，如图 6-9 所示。

图 6-9　剥除双绞线外皮

2）将剥出的 4 对导线分开，比如将裸露的双绞线中的橙色线对拨向自己的前方，棕色线对拨向自己的方向，绿色线对拨向左方，蓝色线对拨向右方，如图 6-10 所示。

图 6-10　4 对双绞线对

3）将绿色线对与蓝色线对放在中间位置，而橙色线对与棕色线对保持不动，即放在靠外的位置。

4）小心地拨开每一对线（不必剥开各对线的外皮，在第 6 步用压线钳压接 RJ-45 水晶头时，水晶头的弹簧片能够穿透各对线的外皮，接触线的铜芯，如果剥掉各对线的外皮，双绞线与 RJ-45 水晶头的接触则不够紧密，容易滑落）。遵循 EIA/TIA 568A（或 EIA/TIA 568B）标准规定的线序排列好 8 条信号线。正确的线序是：白绿 / 绿 / 白橙 / 蓝 / 白蓝 / 橙 / 白棕 / 棕（或者白橙 / 橙 / 白绿 / 蓝 / 白蓝 / 绿 / 白棕 / 棕）。遵循 EIA/TIA 568A 最容易犯错误的地方就是将白橙线与橙线相邻放在一起，也就是将橙色线放到第 4 的位置，这样会造成串绕，使传输效率降低，将橙色线放在第 6 的位置才正确。因为在 100Base-T 网络中，第 3 只引脚与第 6 只引脚是同一对的。

5）将裸露出的线用剪刀或斜口钳剪下只剩约 14 mm 的长度（注意要让 8 条线齐平，如图 6-11 所示），再将双绞线的每一根线依序放入 RJ-45 水晶头的引脚内，第 1 只引脚内应该放白绿色的线，依此类推（如图 6-12 所示）。

图 6-11　剪平的裸线图

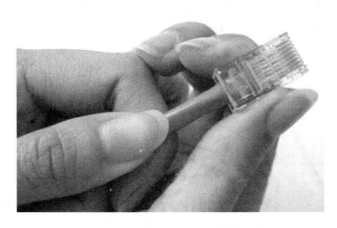

图 6-12   R-45 接头和双绞线的连接

6）确定双绞线的每根线已经正确放置后，就可以用压线钳压接 RJ-45 水晶头了。如图 6-13 所示，把双绞线插入 RJ-45 接头后，用力握紧压线钳，这样一压的过程使得水晶头凸出在外面的弹簧片针脚全部压入水晶并头内，受力之后听到轻微的"啪"一声即可。如图 6-13 所示，压线之后水晶头凸出在外面的针脚全部压入水晶并头内，而且水晶头下部的塑料扣位也压紧在网线的灰色保护层之上，如图 6-14 所示。（注意：要确保每一根线与接头的弹簧片引脚充分接触）。

图 6-13   用压线钳压接 RJ-45 接头

图 6-14   压接好的 RJ-45 接头

7）测试网络连通。测试做好的网线，看看自己做的网线是否合格。打开网络电缆测试仪电源，将网线插头分别插入主测试器和远端测试器，网络测试仪的指示灯闪亮顺序如下：

主测试器：1 — 2 — 3 — 4 — 5 — 6 — 7 — 8

远端测试器：1 — 2 — 3 — 4 — 5 — 6 — 7 — 8

如果接线不正常，则会出现如下情况：

① 当有一根信号线断路时，则主测试器和远端测试器相应的指示灯都不亮，如3号线断路则主测试器和远端测试器的3号指示灯都不亮。

② 当有多根线不通时，则有多个指示灯不亮。当网线中少于2根线连通时，则所有的指示灯都不亮。

③ 当有短路存在时，则有多个指示灯同时闪亮，如4号线和5号线被短接到一起，则4号灯和5号灯同时闪亮。

④ 当有乱序存在时，如3、4乱序，则显示如下：

主测试器：1 — 2 — 3 — 4 — 5 — 6 — 7 — 8

远端测试器：1 — 2 — 4 — 3 — 5 — 6 — 7 — 8

8）按照同样的方法制作另一端RJ-45接头。市面上还有一种RJ-45接头的保护套，可以防止接头在拉扯时造成接触不良。使用这种保护套时，需要在压接RJ-45接头之前就将这种胶套插在双绞线电缆上。

2. TCP/IP 协议配置

1）右击计算机桌面"网络和共享中心"，进入"网络连接"窗口。如图6-15所示。

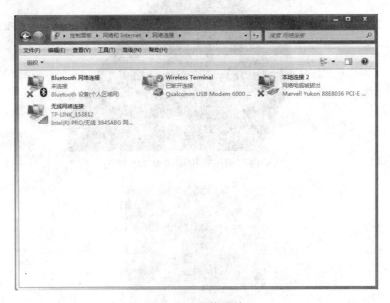

图 6-15 网络连接

2）右击"本地连接"选择"属性"选项。弹出"本地连接属性"对话框，如图6-16所示。

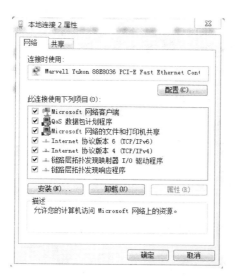

图 6-16　"本地连接属性"对话框

3）在对话框中选择"Internet 协议版本 4（TCP/IPv4）"选项，单击"属性"按钮，弹出"Internet 协议（TCP/IP）属性"对话框。需要设置的参数有 4 个，即 IP 地址、子网掩码、默认网关和 DNS 服务器。

4）设置 IP 地址和子网掩码。选中图 6-17 中"使用下面的 IP 地址"单选按钮，分别填写 IP 地址和子网掩码。按照相同的方法设置其他计算机的 IP 地址。

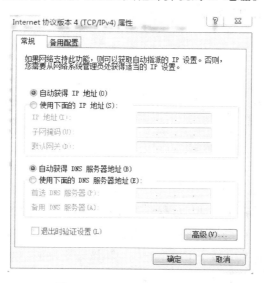

图 6-17　IP 地址设置对话框

3. 使用集线器组网

1）按照图 6-18 所示的拓扑结构连接好计算机和集线器（注意：计算机和集线器之间使用直通网线连接）。

2）设置 PC2、PC3 和 PC4 的 TCP/IP 属性（注意：要保证 PC1 和 PC2 处于同一网段范围内）。

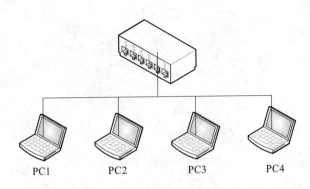

图 6-18　网络拓扑结构图

3）利用 ping 命令测试网络的连通性。

【思考题】

如果要求两台计算机直连，需要用到哪种线型？如何制作网线？

实验二　网络配置

【任务设置】

现在由你接管实验室的网络管理工作，你需要配置实验室各台计算机的 IP 地址，并通过各种网络命令了解实验室网络的基本信息。

【实验目的】

1. 了解常用网络命令。

2. 学会配置 IP 地址。

3. 掌握网络环境测试命令。

【背景知识】

1. ping 命令的使用

ping 命令用于验证当前计算机与远程计算机的连接。ping 命令的使用格式为：ping [-t] [-a][-n count] destination-list。这里列举了部分常用参数，各参数的说明如下：

- -t：验证指定计算机直到按下 Control+C 中断该命令为止。
- -a：将地址解析为计算机名。
- -n count：发送 count 指定的 ECHO 数据包数，默认值为 4。
- destination-list：指定要 ping 的远程计算机。

2. ipconfig 命令的使用

ipconfig（应用于 Windows 2000 及其以上）命令显示所有当前的 TCP/IP 网络配置项。ipconfig 命令的使用格式为：ipconfig [/all | /renew [adapter] | /release [adapter]]。各参数的说明如下：

- /all：将显示所有网络配置值，如 DNS 服务器地址、IP 地址、子网掩码地址、默认网关的 IP 地址等。
- /renew [adapter]：更新 DHCP 配置参数，只在运行 DHCP 客户端服务系统上可用。
- /release [adapter]：释放当前的 DHCP 配置，该选项禁用本地系统上的 TCP/IP，并只在 DHCP 客户端上可用。

3. netstat 命令的使用

netstat 命令用于显示活动的 TCP 连接、计算机侦听的端口、以太网统计信息、IP 路由表、IPv4 统计信息（对于 IP、ICMP、TCP 和 UDP 协议）以及 IPv6 统计信息（对于 IPv6、ICMPv6、通过 IPv6 的 TCP 以及通过 IPv6 的 UDP 协议）。使用时如果不带参数，netstat 将显示活动的 TCP 连接。

4. nslookup 命令的使用

nslookup 命令将显示域名服务器的信息。在本地计算机 MS-DOS 提示符下输入"nslookup /?"将看到详细的命令说明。简单应用可以直接输入"nslookup 域名"，这时可以查找到当前域名对应的 IP 地址。

5. net 命令的使用

许多网络命令都是以 net 开头，在 MS-DOS 提示符下输入"net /?"或"net help"将看到所有 net 命令的列表。

6. tracert 命令的使用

网络路由跟踪程序 tracert 是一个基于 TCP/IP 协议的网络测试工具，利用该工具可以查看从本地主机到目标主机所经过的全部路由。无论在局域网还是在广域网或因特网中，通过 tracert 所显示的信息，既可以掌握一个数据包信息从本地计算机到达目标计算机所经过的路由，还可以了解网络堵塞发生在哪个环节，为网络管理和系统性能分析及优化提供依据。

【实验环境与工具】

计算机两台（带网卡）；路由器 1 个；直通网线 3 根；连接到因特网的以太网接口。

【实验步骤】

1）按照图 6-19 所示组建好局域网，计算机与集线器、集线器与 Internet 之间使用直通网线连接。

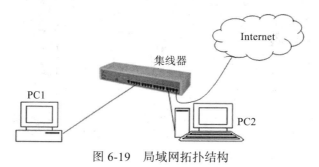

图 6-19　局域网拓扑结构

2）配置两台计算机的 TCP/IP 属性，都选择自动获取 IP 地址和自动获取 DNS 服务器地址。

3）ipconfig 命令的使用：

测试本计算机所有网络适配器的基本 TCP/IP 配置。在 MS-DOS 提示符下使用不带参数的 ipconfig 命令，如图 6-20 所示，测试到的内容包括 IPv 4 地址、子网掩码、IPv6 地址、默认网关。

```
C:\WINDOWS\system32\cmd.exe                                   _ □ ×

C:\>ipconfig

Windows IP Configuration

Ethernet adapter 本地连接 2:

        Connection-specific DNS Suffix  . : sqs.cqcnt.com
        IP Address. . . . . . . . . . . . : 218.244.28.241
        Subnet Mask . . . . . . . . . . . : 255.255.240.0
        IP Address. . . . . . . . . . . . : fe80::214:4ff:fe34:85df%10
        Default Gateway . . . . . . . . . : 218.244.31.253
```

图 6-20　不带参数的 ipconfig 命令

清理并重设 DNS 客户解析器缓存的内容，则通过在 ipconfig 命令中使用参数"/flushdns"来实现，如图 6-21 所示。

```
C:\>ipconfig/flushdns

Windows IP Configuration

Successfully flushed the DNS Resolver Cache.
```

图 6-21　带有参数"/flushdns"的 ipconfig 命令

如果需要显示 DNS 域名解析器缓存的内容，则在 ipconfig 命令中使用参数"/displaydns"，如图 6-22 所示。

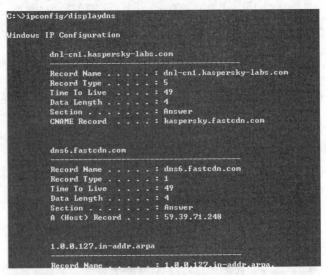

图 6-22　带有参数"/displaydns"的 ipconig 命令

如果需要显示所有网络适配器的完整 TCP/IP 配置，则在 ipconfig 命令中使用参数 "/all"，如图 6-23 所示，测试到的内容增加了许多其他内容，如主机名、网卡型号、MAC 地址、DHCP 服务器等。

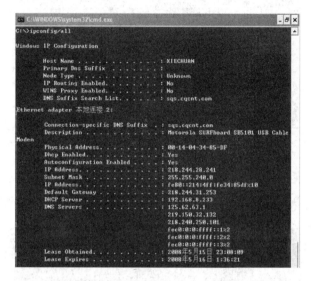

图 6-23　带有参数 /all 的 ipconfig 命令

4）ping 命令的使用：

环回测试：127.×.×.× 是本地计算机的环回地址，ping 环回地址则把 ping 命令送到本地计算机的 IP 软件。这个命令用来测试 TCP/IP 的安装或运行存在的某些最基本的问题。Localhost 是 127.0.0.1 的别名，也可以利用 localhost 来进行环回测试，每台计算机都应该能够将名称 localhost 转换成地址 127.0.0.1，如果不能做到这一点，则表示主机文件（host）中存在问题。在 MS-DOS 提示符下，分别使用 ping 127.0.0.1 和 ping localhost 进行测试，正常情况下都应该得到如图 6-24 所示的结果。

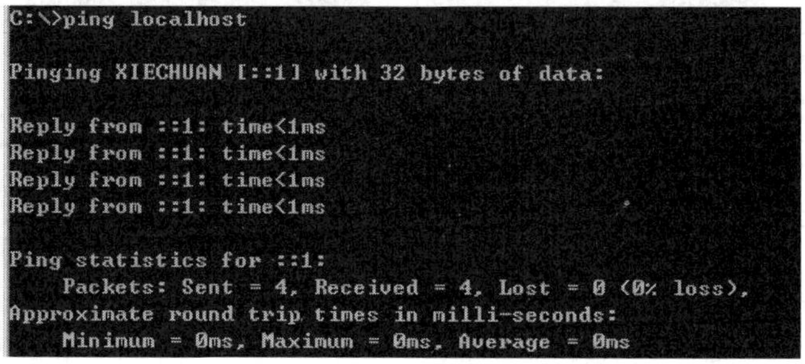

图 6-24　ping 环回地址

ping 本机 IP 地址：这个命令使用本地计算机所配置的 IP 地址（可通过 ipconfig 命令得到），如果在 ping 命令中加上参数 "-t"，则本地计算机对该 ping 命令不停止地做出应答，否则，说明本地计算机的 TCP/IP 安装存在问题。测试过程中，可以使用组合键 Ctrl+C 退出测试，如图 6-25 所示。

图 6-25　ping 本机 IP 地址

ping 局域网内其他主机的 IP 地址：该命令对局域网内其他主机发送回送请求信息，如果能够收到对方主机的回送应答信息，表明局域网工作正常，如图 6-26 所示。

图 6-26　ping 局域网内其他主机

ping 网关：如能够收到应答信息，则表明网络中的网关路由器运行正常，如图 6-27 所示。

图 6-27　ping 网关

ping 域名服务器：如果能够收到域名服务器的应答信息，则表明网络中的域名服务器运行正常，如图 6-28 所示。

ping 域名地址：如果出现故障，可能是因为 DNS 服务器的故障或域名所对应的计算机存在故障。如果能够收到域名对应的计算机的应答信息，说明 DNS 服务器、域名所对应的计算机都运行正常。Ping www.sina.com 的应答情况如图 6-29 所示。

```
C:\>ping 125.62.63.1

Pinging 125.62.63.1 with 32 bytes of data:

Reply from 125.62.63.1: bytes=32 time=8ms TTL=123
Reply from 125.62.63.1: bytes=32 time=8ms TTL=123
Reply from 125.62.63.1: bytes=32 time=7ms TTL=123
Reply from 125.62.63.1: bytes=32 time=8ms TTL=123

Ping statistics for 125.62.63.1:
    Packets: Sent = 4, Received = 4, Lost = 0 (0% loss),
Approximate round trip times in milli-seconds:
    Minimum = 7ms, Maximum = 8ms, Average = 7ms
```

图 6-28　ping 域名服务器

```
C:\>ping www.sina.com

Pinging hydra.sina.com.cn [218.30.108.68] with 32 bytes of data:

Reply from 218.30.108.68: bytes=32 time=57ms TTL=48
Reply from 218.30.108.68: bytes=32 time=56ms TTL=48
Reply from 218.30.108.68: bytes=32 time=59ms TTL=48
Reply from 218.30.108.68: bytes=32 time=59ms TTL=48

Ping statistics for 218.30.108.68:
    Packets: Sent = 4, Received = 4, Lost = 0 (0% loss),
Approximate round trip times in milli-seconds:
    Minimum = 56ms, Maximum = 59ms, Average = 57ms
```

图 6-29　ping 域名地址

如果上面所列出的所有 ping 命令都能够正常运行，那么本地计算机基本上具备了进行本地和远程通信的功能。

5）tracert 命令的使用：如果要跟踪到达新浪网 Web 服务器（www.sina.com）的路径，则使用如图 6-30 所示的 tracert 命令。跟踪结果首先指明跟踪到目的地址的路由，并说明本次搜索的最大跃点数为 30（默认值）。

```
C:\>tracert www.sina.com

Tracing route to jupiter.sina.com.cn [202.205.3.130]
over a maximum of 30 hops:

  1     7 ms     7 ms     7 ms  172.20.63.254
  2     8 ms     7 ms     7 ms  192.168.4.250
  3    13 ms     7 ms     9 ms  192.168.1.254
  4     7 ms     7 ms     7 ms  192.168.1.242
  5    52 ms    46 ms    56 ms  219.142.47.101
  6    46 ms    43 ms    53 ms  219.142.16.193
  7    51 ms    48 ms    43 ms  bj141-131-13.bjtelecom.net [219.141.131.13]
  8    45 ms    48 ms    49 ms  bj141-130-82.bjtelecom.net [219.141.130.82]
  9    57 ms    53 ms    54 ms  202.97.57.221
 10    76 ms    78 ms    75 ms  202.97.34.62
 11    83 ms    85 ms    82 ms  202.97.44.170
 12   219 ms   223 ms   219 ms  202.97.15.82
 13   219 ms   217 ms   219 ms  202.112.36.254
 14   220 ms   222 ms   221 ms  202.112.36.226
 15   160 ms   156 ms   153 ms  202.112.53.177
 16     *      145 ms   147 ms  cd1.cernet.net [202.112.53.74]
 17     *      151 ms   153 ms  202.112.38.98
 18   147 ms   154 ms   149 ms  202.205.13.249
 19   142 ms     *      159 ms  202.205.13.210
 20   160 ms   164 ms   164 ms  202.205.3.130

Trace complete.
```

图 6-30　跟踪到达服务器（www.sina.com）的路径

在跟踪过程中，为了防止将每个 IP 地址解析为它的名称，则在 tracert 命令中使用参数“-d”，如图 6-31 所示。

```
C:\>tracert -d www.shouhu.com

Tracing route to www.shouhu.com [61.152.253.66]
over a maximum of 30 hops:

  1    10 ms     7 ms    12 ms  172.20.63.254
  2    25 ms    10 ms     7 ms  192.168.4.250
  3    10 ms     7 ms     9 ms  192.168.1.254
  4     8 ms     9 ms     9 ms  192.168.1.242
  5    53 ms    59 ms    46 ms  219.142.47.101
  6    44 ms    48 ms    44 ms  219.142.16.193
  7    45 ms    54 ms    49 ms  219.141.131.17
  8    56 ms    48 ms    47 ms  219.141.130.101
  9    50 ms    55 ms    46 ms  202.97.57.221
 10    69 ms    76 ms    71 ms  202.97.34.62
 11    73 ms    79 ms    69 ms  61.152.86.9
 12    97 ms    77 ms    74 ms  61.152.87.98
 13    77 ms    71 ms    69 ms  222.72.243.190
 14    75 ms    70 ms    73 ms  61.151.245.134
 15     *       76 ms    74 ms  61.152.253.66

Trace complete.
```

图 6-31 带有参数 "-d" 的 tracert 命令

6）netstat 命令的使用：如果需要显示所有有效连接（包括 TCP 和 UDP 两种）的信息，则在 netstat 命令中使用参数 "-a"，这里包括已经建立的连接（Established），也包括监听连接请求（Listening）的那些连接，以及计算机侦听的 TCP 和 UDP 端口。命令的使用情况如图 6-32 所示（因为显示的内容太多，途中省略了部分信息）。

```
C:\>netstat -a

Active Connections

  Proto  Local Address          Foreign Address        State
  TCP    XIECHUAN:echo          XIECHUAN:0             LISTENING
  TCP    XIECHUAN:discard       XIECHUAN:0             LISTENING
  TCP    XIECHUAN:daytime       XIECHUAN:0             LISTENING
  TCP    XIECHUAN:qotd          XIECHUAN:0             LISTENING
  TCP    XIECHUAN:chargen       XIECHUAN:0             LISTENING
  TCP    XIECHUAN:telnet        XIECHUAN:0             LISTENING
  TCP    XIECHUAN:smtp          XIECHUAN:0             LISTENING
  TCP    XIECHUAN:pop3          XIECHUAN:0             LISTENING
  TCP    XIECHUAN:nntp          XIECHUAN:0             LISTENING
  TCP    XIECHUAN:epmap         XIECHUAN:0             LISTENING
```

图 6-32 带有参数 "-a" 的 netstat 命令

在 netstat 命令中使用参数 "-e" 来显示关于以太网的统计数据，如图 6-33 所示。

```
C:\>netstat -e
Interface Statistics

                           Received            Sent

Bytes                      12298043         2708310
Unicast packets               9687             9335
Non-unicast packets         122477              464
Discards                         0                0
Errors                           0                1
Unknown protocols                0
```

图 6-33 带有参数 "-e" 的 netstat 命令

如果需要显示已建立的有效 TCP 连接，则在 netstat 命令中使用参数 "-n"，如图 6-34 所示。

测试 UDP 的统计信息，则在 netstat 命令中使用参数 "-s -p udp"，如图 6-35 所示。

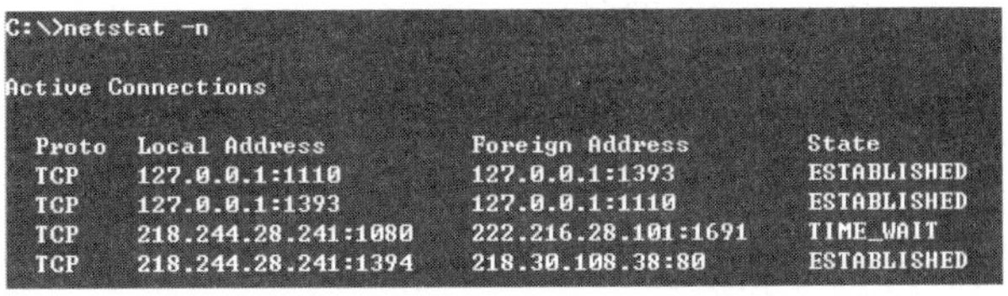

```
C:\>netstat -n

Active Connections

  Proto  Local Address          Foreign Address        State
  TCP    127.0.0.1:1110         127.0.0.1:1393         ESTABLISHED
  TCP    127.0.0.1:1393         127.0.0.1:1110         ESTABLISHED
  TCP    218.244.28.241:1080    222.216.28.101:1691    TIME_WAIT
  TCP    218.244.28.241:1394    218.30.108.38:80       ESTABLISHED
```

图 6-34 带有参数 "-n" 的 netstat 命令

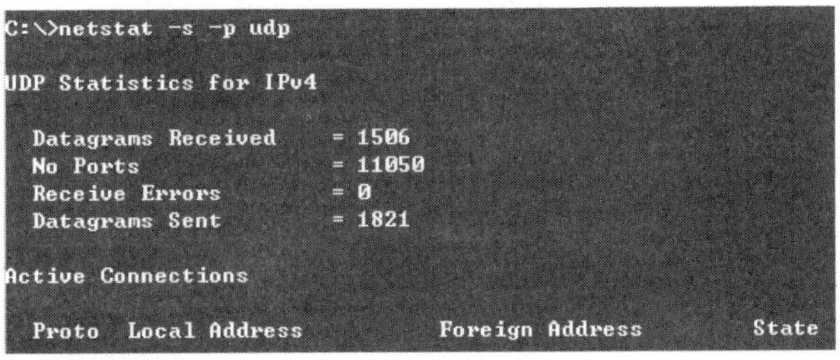

```
C:\>netstat -s -p udp

UDP Statistics for IPv4

  Datagrams Received   = 1506
  No Ports             = 11050
  Receive Errors       = 0
  Datagrams Sent       = 1821

Active Connections

  Proto  Local Address          Foreign Address              State
```

图 6-35 利用 netstat 命令显示 UDP 的统计信息

测试 TCP 的统计信息，则在 netstat 命令中使用参数 "-s -p tcp"，如图 6-36 所示。

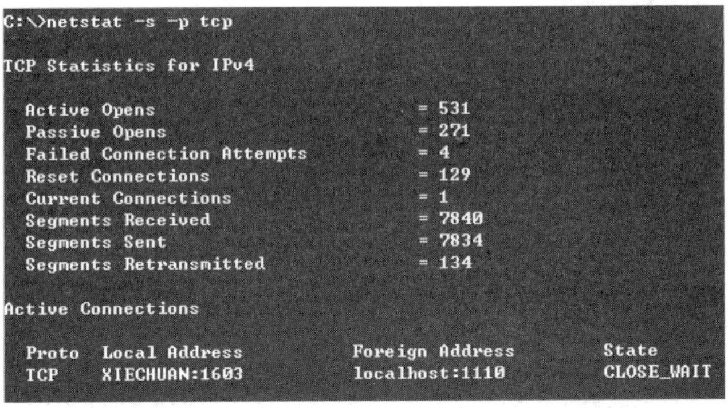

```
C:\>netstat -s -p tcp

TCP Statistics for IPv4

  Active Opens                  = 531
  Passive Opens                 = 271
  Failed Connection Attempts    = 4
  Reset Connections             = 129
  Current Connections           = 1
  Segments Received             = 7840
  Segments Sent                 = 7834
  Segments Retransmitted        = 134

Active Connections

  Proto  Local Address          Foreign Address        State
  TCP    XIECHUAN:1603          localhost:1110         CLOSE_WAIT
```

图 6-36 利用 netstat 命令显示 TCP 的统计信息

测试有关路由表的信息，则在 netstat 命令中使用参数 "-r"，如图 6-37 所示。

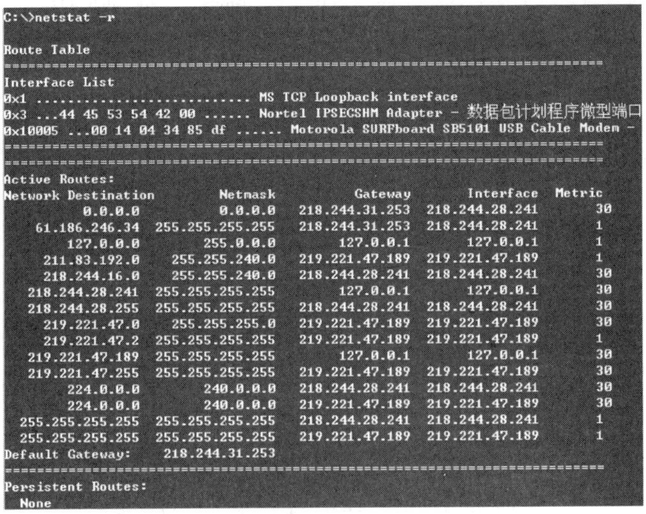

```
C:\>netstat -r

Route Table
===========================================================================
Interface List
0x1 ........................... MS TCP Loopback interface
0x3 ...44 45 53 54 42 00 ..... Nortel IPSECSHM Adapter - 数据包计划程序微型端口
0x10005 ...00 14 04 34 85 df ...... Motorola SURFboard SB5101 USB Cable Modem -
===========================================================================
===========================================================================
Active Routes:
Network Destination        Netmask          Gateway       Interface  Metric
        0.0.0.0          0.0.0.0    218.244.31.253  218.244.28.241     30
  61.186.246.34  255.255.255.255    218.244.31.253  218.244.28.241      1
      127.0.0.0        255.0.0.0         127.0.0.1       127.0.0.1      1
   211.83.192.0    255.255.240.0    219.221.47.189  219.221.47.189      1
   218.244.16.0    255.255.240.0    218.244.28.241  218.244.28.241     30
 218.244.28.241  255.255.255.255         127.0.0.1       127.0.0.1     30
 218.244.28.255  255.255.255.255    218.244.28.241  218.244.28.241     30
   219.221.47.0    255.255.255.0    219.221.47.189  219.221.47.189     30
   219.221.47.2  255.255.255.255    219.221.47.189  219.221.47.189      1
 219.221.47.189  255.255.255.255         127.0.0.1       127.0.0.1     30
 219.221.47.255  255.255.255.255    219.221.47.189  219.221.47.189     30
      224.0.0.0        240.0.0.0    218.244.28.241  218.244.28.241     30
      224.0.0.0        240.0.0.0    219.221.47.189  219.221.47.189     30
255.255.255.255  255.255.255.255    218.244.28.241  218.244.28.241      1
255.255.255.255  255.255.255.255    219.221.47.189  219.221.47.189      1
Default Gateway:     218.244.31.253
===========================================================================
Persistent Routes:
  None
```

图 6-37 带有参数 "-r" 的 netstat 命令

【思考题】

如何查看一台主机的域名信息？

实验三　常用网络服务的使用

【任务设置】

一个办公室内有 4 台计算机，现在需要将一台计算机中的文件传输到其他三台计算机上，基于保密要求办公室计算机禁止接入一切外来存储设备，已知计算机中都带有网卡，现在有若干条网线和一个集线器，请问如何实现文件的共享。

【实验目的】

1. 掌握常用搜索引擎的使用。
2. 掌握网络资源共享方法。
3. 掌握点对点的文件传输方法。
4. 掌握远程控制桌面的使用。

【实验环境与工具】

接入互联网主机一台；QQ 远程桌面控制、飞鸽传书等软件。

【实验步骤】

1. 常用搜索引擎的使用

1）打开搜索引擎界面。启动浏览器，在地址栏中输入搜索引擎的网址，以百度为例：http://www.baidu.com/。

2）输入关键词。

3）搜索主题为"JDK 环境变量配置"，可初步确定关键词为 JDK、环境变量、配置。在百度的搜索框中输入关键词，中间用空格分隔，如图 6-38 所示。

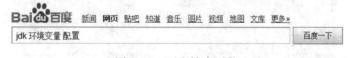

图 6-38　百度搜索引擎

4）在图 6-39 的返回界面中，根据资料的来源网址判断其内容的可阅读性。其中的红色字体为与关键词匹配的内容。

5）更换关键词。如果对查找结果不满意，可更换关键词再次查找。

6）保存资料。

• 如果资料在豆丁网或百度文库，注册并登录后支付一定的财富值即可下载。

• 直接复制资料，则选中所需文本，选择右键菜单中的"复制"命令，切换到 Word 文档中，选择"编辑"→"选择性粘贴"命令即可。

图 6-39　搜索返回界面

- 如果网页禁止用右键菜单复制或者文本过长，可直接另存为文本文件。
- 存储为图片。如果只是临时下载部分段落而费用不够或页面禁止复制、另存，又需脱机仔细阅读，可用截图工具把页面另存为图片。

2. 网络资源共享

1）参看所在机器的主机名称和网络参数，了解网络基本配置中包含的协议、服务和基本参数。右击"计算机"，单击"属性"→"高级系统设置"→"计算机名"，可以查看计算机名（见图 6-40）。在"网络和共享中心"中，单击"更改适配器设置"，右击"本地连接"，选择"Internet 协议（TCP/IP）"，可以查看 IP 地址信息，在此"安装"模块中，可以选择安装"客户端"、"服务"及"协议"，如图 6-41 所示。

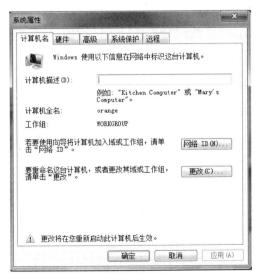

图 6-40　"计算机名"选项卡

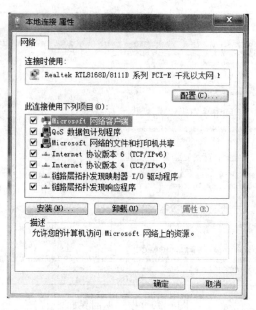

图 6-41　查看 IP 地址信息

2）网络组件的安装和卸载方法：单击开始→控制面板→添加 / 删除程序，选择"添加 / 删除 Windows 组件"，选择相应的组件，并单击"详细信息"，选择需要的组件，按照提示操作即可。

3）设置和停止共享目录。

设置共享目录（对 D:\temp 目录设置共享权限）。

步骤一：选择 D:\temp 文件夹，单击鼠标右键，在出现的快捷菜单中选择"属性"，并在弹出的对话框中选择"共享"选项卡。如图 6-42 所示。

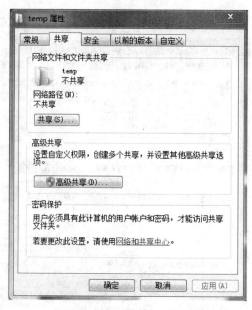

图 6-42　"共享"选项卡

① 选择"高级共享"一项，并在"共享名"后输入一个供网络中其他用户访问该资源时使用的名称。在"用户数限制"下方可以选择是否要对该资源进行访问用户数的限制，如果需要可选择"允许"，并选择要限制的用户数。

② 单击"权限"按钮。可以在"权限"列表框中设置该资源的共享权限，可以分别对"完全控制"、"更改"和"读取"设置是"允许"还是"拒绝"。如图 6-43 所示。

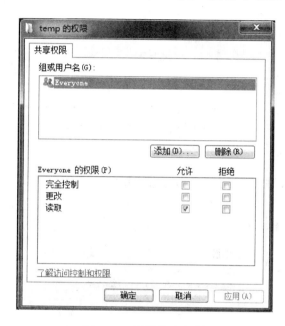

图 6-43　设置共享权限

③ 系统默认该资源可共享给网络中所有用户使用，如果要指定给其中部分用户使用，可单击"添加"按钮，在出现的对话框中选择可共享该资源的用户名。将他们添加到下面的列表框中即可。

④ 单击"确定"按钮，设置结束。

步骤二：在另一台机器上建立到步骤一所建目录的逻辑驱动器映射。

① 右击桌面上的"计算机"，在出现的快捷菜单中选择"映射网络驱动器"一项。

② 在弹出对话框的"驱动器"下拉列表中选择一个驱动器名，如果每次登录网络时都要建立该连接，可选择对话框中"登录时重新连接"一项。单击"确定"按钮，设置结束。如图 6-44 所示。

③ 打开"计算机"，可以看到该映射驱动器和本地驱动器排列在一起。网络驱动器映可以方便地访问远程文件夹。

步骤三：使用第二步创建的逻辑驱动器将共享目录内的部分文件复制到本地硬盘上。

步骤四：删除映射逻辑驱动器。找到映射的网络驱动器，右击选择"断开"即可。

步骤五：取消步骤一所建共享目录的共享属性。

步骤六：共享管理。右键单击"计算机"→"管理"→"共享文件夹"或选择"控制面板"→"管理工具"→"计算机管理"→"共享文件夹"。

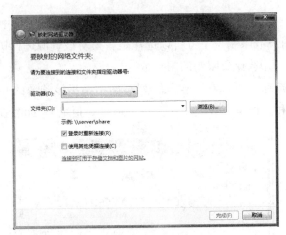

图 6-44　映射网络驱动器

3. 点对点的文件传输

飞鸽传书[⊖]是一款面向企业办公的即时通信软件，基于 TCP/IP 模式。 企业员工可在企业内部或外部通过飞鸽传书进行通信，支持消息发送、文件传输、语音视频等，为企业提供安全、稳定的即时通信解决方案，如图 6-45 所示。

图 6-45　飞鸽传书界面

1）服务设置（功能参数设置），如图 6-46 所示步骤。

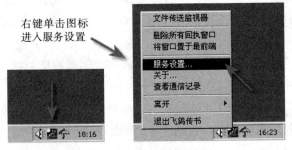

图 6-46　进入服务设置

⊖　本软件在 Windows XP 系统下功能更全面，为使读者更好地了解该软件功能，此实验步骤基于 Windows
　　XP。——编辑注

请在"用户名"处输入你的真实姓名，以方便同事之间交流。单击"详细 / 记录 设置"按钮可进行更多细节设置，如图 6-47 所示。

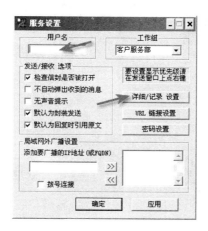

图 6-47　"服务设置"对话框

在"详细 / 记录 设置"对话框中，可以设置是否启用通信记录，以及记录文件的存放位置等。

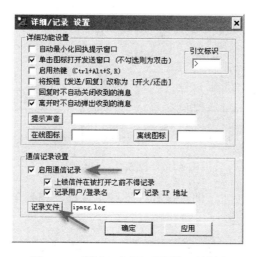

图 6-48　"详细 / 记录 设置"对话框

2）发送消息，传送文件或文件夹，如图 6-49 所示。

① 单击系统栏的飞鸽传书图标即可打开发送窗口。

② 在用户列表中选择接收者（可多选）。

③ 可在发送窗口上单击右键，选择"传送文件"或"传送文件夹"；

④ 单击"发送"按钮。

3）接收消息和文件。如果发送者在发送时勾选了"封装"复选框，则收到消息时会显示"打开信封"打开信封，即可看到消息和发送的文件，同时自动向发送者发送收到消息的回执信息，如图 6-50 所示。

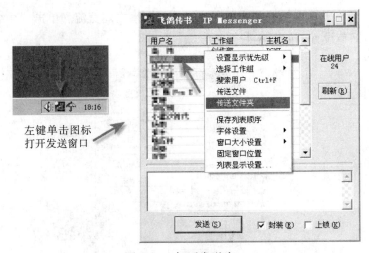

图 6-49　打开发送窗口

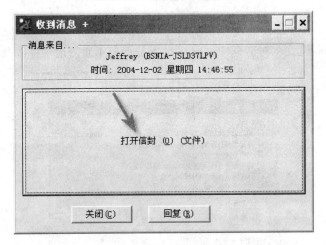

图 6-50　显示"打开信封"

　　单击"新建文件夹"按钮，即可保存（下载）文件（如果未显示此按钮，说明未附带文件）。

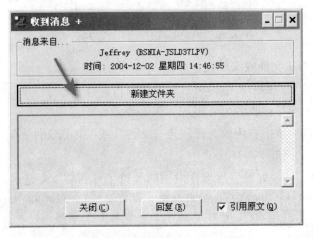

图 6-51　"新建文件夹"按钮

弹出如图 6-52 所示对话框，选择保存文件的位置。如果是接收多个文件，可以勾选"全部"。

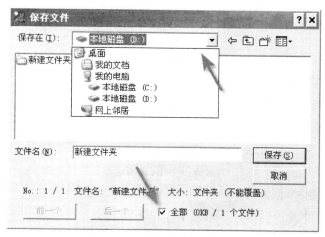

图 6-52 "保存文件"对话框

4）文件传送监控。在系统栏的飞鸽传书图标上单击右键，选择打开"文件传送监视器"，如图 6-53 所示。

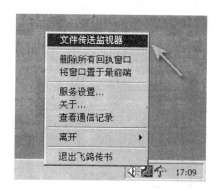

图 6-53 打开"文件传送监视器"

在文件传送监视器中，可以选择删除已经发出但接收者尚未保存（下载）的文件。此功能可在误发文件时使用，如图 6-54 所示。

图 6-54 文件传送监视器

4. 远程控制桌面的使用

QQ 远程协助是腾讯 QQ 推出的一项方便用户进行远程协助以帮助好友处理计算机问题

的应用。主要功能包括：

1）实现隐蔽监控：隐藏被控端程序图标及相关提示，被控时不被发觉。

2）远程访问桌面：同步查看远程计算机的屏幕，能使用本地鼠标键盘如操作本机一样操作远程计算机。

3）可对远程计算机屏幕进行拍照或录像。控制端只需单击功能键便可以切换双方身份。应用于远程计算机维护、远程技术支持、远程协助等。

4）远程文件管理：上传、下载文件，远程修改、运行文件，实现双方计算机的资源共享，用于远程办公等。

5）远程开启视频：开启远端计算机摄像头，进行语音视频聊天。支持视频录制，可远程旋转带有旋转功能的摄像头、用于家庭安全监控等。

6）远程命令控制：远程开机（需配合使用被控计算机控制器硬件）、远程关机、远程重启、远程注销、锁定本地或远端计算机的鼠标和键盘等。

7）文字聊天。

实验步骤如下：

（1）启动远程协助

在对话窗口中，选择"动作"→"远程协助"，即可向对方发起远程协助的请求，对方接受后，进入远程协助状态，如图 6-55、图 6-56 所示。

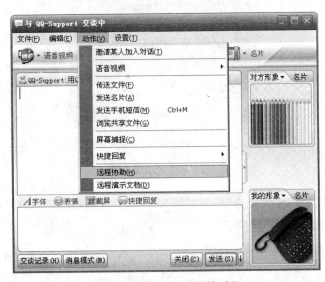

图 6-55　打开"远程协助"

远程控制的窗口如图 6-57 所示，在远程协助中，发起方的桌面状态完全被对方可见。

（2）申请控制

在远程协助过程中，单击"申请控制"命令，即申请由对方控制本地计算机操作。对方接受后，可以通过远程协助的窗口控制本地计算机操作，如图 6-58 所示。

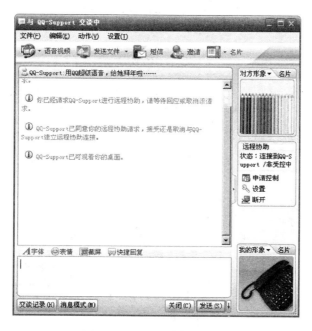

图 6-56　同意远程协助请求

图 6-57　实施远程协助

在受控状态下，可同时按下"Shift"和"Esc"键停止受控。

（3）远程协助设置

在远程协助中，单击"设置"命令，可以对远程协助的图像及色彩状况进行设置，如图6-59所示。

【思考题】

如果没有网线与集线器，每台计算机安装了无线网卡，如何实现文件传输？

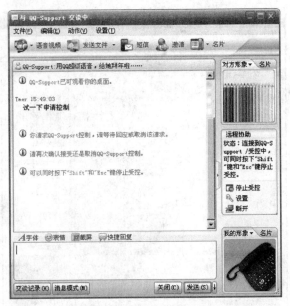

图 6-58   申请控制

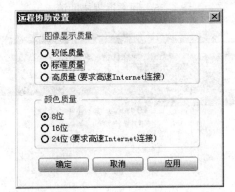

图 6-59   远程协助设置

第 7 章 多媒体技术

实验一 Photoshop 形状工具及图层样式的使用

【实验目的】

1. 掌握 Photoshop 基本画布的创建和基本工具的使用。

2. 掌握 Photoshop 图层概念和图层的运用。

3. 掌握 Photoshop 图层样式的使用。

【实验要求】

制作透明有机玻璃。

【实验步骤】

1）打开 Photoshop，创建一个宽度为 400 像素、高度为 300 像素的新文件，命名为"透明有机玻璃"，分辨率为 72 像素 / 英寸，背景为白色，如图 7-1 所示。

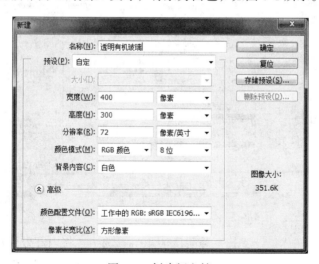

图 7-1 创建新文档

2）在工具箱中选择"圆角矩形"工具，在当前工具属性栏中将其设置为"形状图层"，在图像绘制区用鼠标左键单击弹出如图 7-2 所示的"创建圆角矩形"对话框，输入宽度、高度及半径，单击"确定"按钮之后，图层面板组中就会出现新建的圆角矩形 1 图层，同时，图像绘制区就会出现所创建的圆角矩形，如图 7-2 所示。

图 7-2　绘制圆角矩形

3）选中新创建的圆角矩形图层，单击图层面板组下方的"fx"按钮，并选择"混合选项"，打开"图层样式"对话框，如图 7-3 所示。

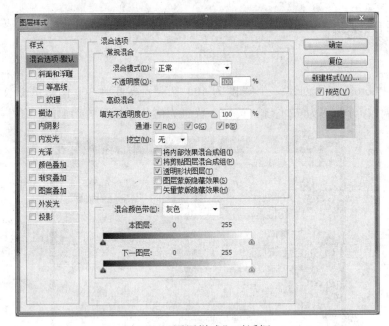

图 7-3　"图层样式"对话框

4）选中"混合选项"，设置其不透明度为 40%，选中"将内部效果混合成组"复选框，并取消选中"将剪贴图层混合成组"复选框（见图 7-4）。此时，形状图形的效果如图 7-5 所示。

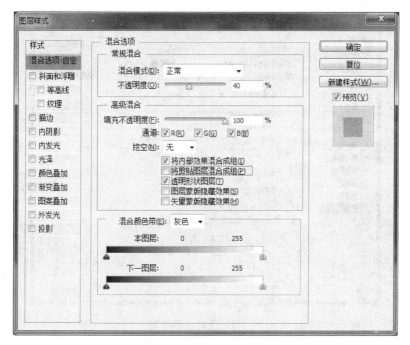

图 7-4　设置混合选项效果

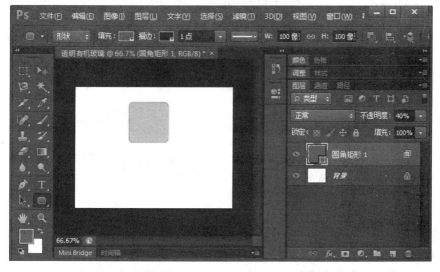

图 7-5　效果显示窗口

5）设置"投影"样式，设置其不透明度为 40%，取消选中"使用全局光"复选框，设置距离和大小都为 5 像素，如图 7-6 所示。

6）设置"内阴影"样式，设置其不透明度为 40%，选中"使用全局光"复选框，设置距离为 4 像素，大小为 10 像素，如图 7-7 所示。

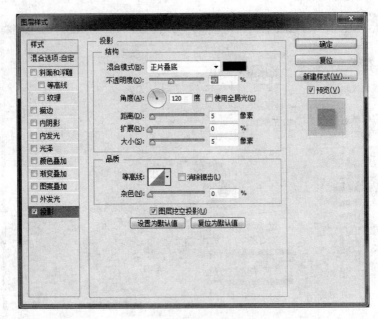

图 7-6　设置投影效果

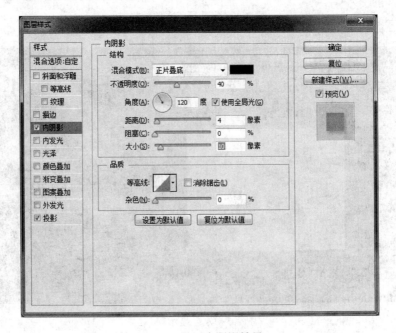

图 7-7　设置内阴影效果

7）设置"外发光"样式，设置其混合模式为"叠加"，不透明度为60%，调整发光颜色为白色，其他保持默认设置，如图7-8所示。

8）设置"斜面和浮雕"样式，样式为"内斜面"，方法为"平滑"，方向向上，大小为5像素，阴影的角度为150度，高度为50度，使用全局光，并设置光泽等高线为"环形"，阴影模式为黑色、"颜色加深"，不透明度为20%，如图7-9所示。

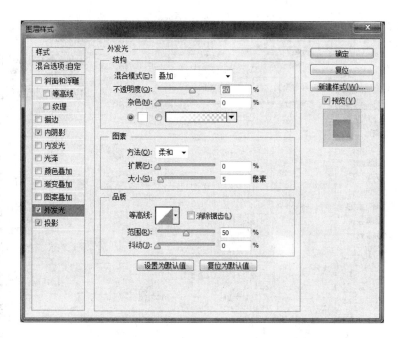

图 7-8　设置外发光效果

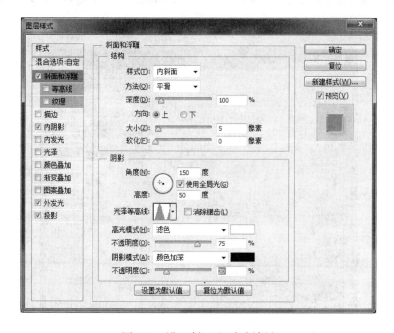

图 7-9　设置斜面和浮雕效果

9）设置"等高线"，在如图 7-10 所示等高线形状区域单击，打开如图 7-11 所示等高线编辑器，通过鼠标拖动调整等高线，然后单击"确定"按钮，接下来在图 7-10 的"范围"文本框中输入 40%，单击"确定"按钮，完成设置。

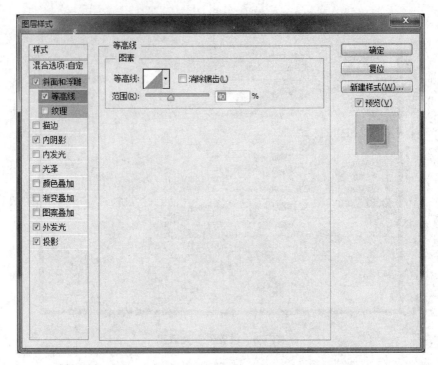

图 7-10　设置等高线效果

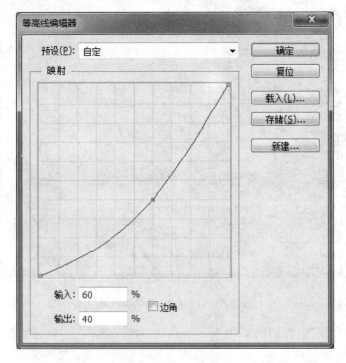

图 7-11　等高线编辑器

10）设置"颜色叠加"样式，按照默认设置即可，如图 7-12 所示。

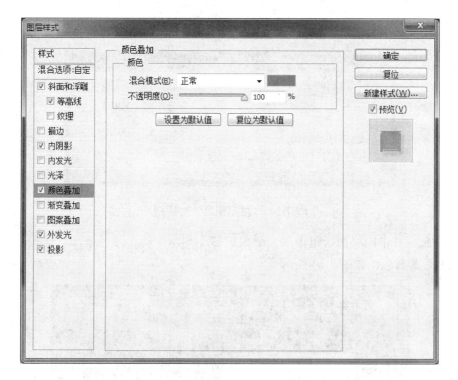

图 7-12　设置颜色叠加效果

通过以上步骤，圆角矩形框的图层样式设置完毕，最终效果如图 7-13 所示。

图 7-13　效果显示窗口

11）接下来复制形状图层，并调整颜色叠加样式。打开图层面板组，在形状图层上用鼠标右击，选择"复制图层"，弹出"复制图层"对话框，单击"确定"按钮即可复制一个新图层，如图 7-14 所示；另外通过用鼠标将"圆角矩形 1"图层拖至面板组下方的"新建图层"按钮，也可完成图层的复制。

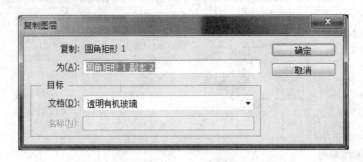

图 7-14　"复制图层"对话框

12）用鼠标双击图层面板组中的"圆角矩形 1 副本"的"颜色叠加"样式，设置其混合模式的颜色为黄色，如图 7-15 所示。

图 7-15　设置颜色叠加效果

13）利用鼠标拖动的方式再复制一个新图层。同样设置其"颜色叠加"样式，设置其混合模式的颜色为蓝色，如图 7-16 所示。

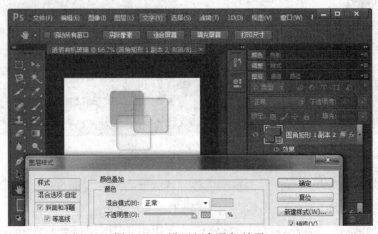

图 7-16　设置颜色叠加效果

14）调整三个形状图层的位置，如图 7-17 所示。

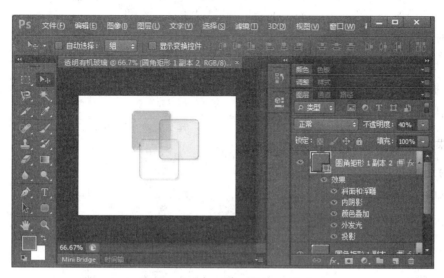

图 7-17　效果显示窗口

15）最后设置背景图层，为背景图层添加填充图案。打开图层面板组，选中背景图层，在工具箱中选择"油漆桶"工具，在当前工具属性栏中设置其样式为"图案"，并在图案中选取"树叶图案纸"，然后在图形编辑区单击，这样就为透明玻璃添加了背景，如图 7-18 所示。

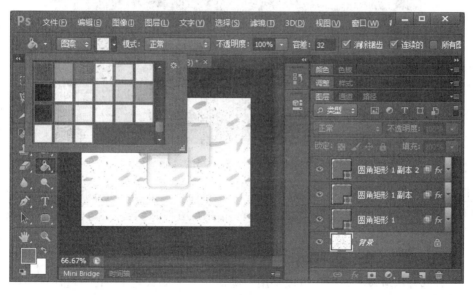

图 7-18　最终效果显示窗口

实验二   Photoshop 选区工具及图层蒙版的使用

【实验目的】

    1. 掌握 Photoshop 基本选区工具的使用。

    2. 掌握 Photoshop 图层蒙版的创建和使用。

    3. 利用图层蒙版技巧实现图像抠图。

【实验要求】

    1）实验目标是将企鹅从背景中抠出。

    2）利用磁性套索工具进行选区。

    3）利用图层蒙版进行抠图处理。

【实验步骤】

    1）首先用 Photoshop 打开企鹅的图像，然后使用工具箱的"磁性套索工具"，首先选中如图 7-19 所示的磁性套索工具。

图 7-19   磁性套索工具的选取

    2）从企鹅身体的边缘选中一点作为起点，用鼠标左键单击，然后沿着企鹅身体的边缘滑动鼠标，此时企鹅的身体边缘会出现若干个如图 7-20 所示的锚点，当沿着企鹅身体拖动一圈后，可双击鼠标左键，完成企鹅身体的闭合区域的选取。值得强调的是，磁性套索工具更适用于边缘较为清晰的图像区域的选取。

    3）若有部分区域没有选好，可以采用规则形状选区工具配合操作，进而选取更准确的选区，如图 7-20 中的图像经过放大之后发现有部分图像并不属于企鹅身体的一部分，则可以采用椭圆选区工具，按住 Alt 键（减掉选区模式），将企鹅图像以外的图像从选区中删除，选择的效果如图 7-21 所示。

图 7-20   采用磁性套索工具对企鹅进行选区

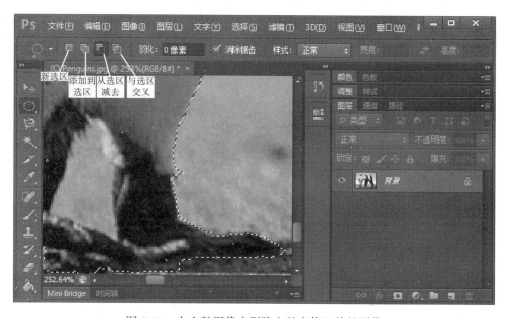

图 7-21   在企鹅图像中删除企鹅身体以外的图像

4）经过反复的调整选区之后，可以获得如图 7-22 所示的企鹅选区，为了更方便操作，应该将选区进行"选择反向"操作，"选择反向"之后的效果如图 7-22 所示。

图 7-22　对选区进行选择反向操作

5）使用"图层蒙版"进行抠图操作，可在如图 7-22 所示的基础上，先对当前图层进行解锁，解锁的方法是在当前的背景图层上进行双击，双击之后会弹出一个对话框，单击"确定"按钮后，会将背景图层变为普通图层，如图 7-23 所示。

图 7-23　将锁定状态的背景图层变为普通图层

6）然后单击 Photoshop 菜单栏中的"图层"下拉菜单中的"图层蒙版"的"隐藏选区"命令，如图 7-24 所示，即可完成抠图的操作。最终效果如图 7-25 所示。

图 7-24　"图层蒙版"的隐藏选区操作

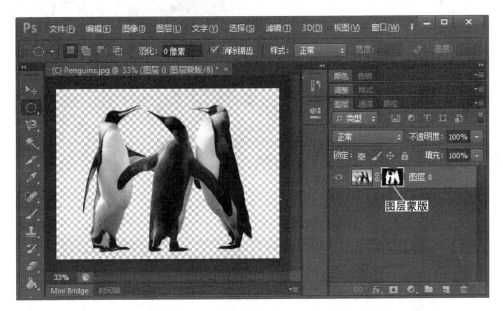

图 7-25　使用"图层蒙版"进行抠图的最终效果

图 7-25 中图层面板中当前图层缩略图标后面黑白相间的图标就是刚刚创建的"图层蒙版"。

实验三　使用 Photoshop CS6 的"动作"命令实现批量处理

【实验目的】

1. 了解 Photoshop CS6 中批量图形处理的基本条件。

2. 掌握 Photoshop CS6 中基本功能的使用。

3. 掌握 Photoshop CS6 中动作的创建和保存。

4. 掌握使用"动作"命令实现批量处理。

【实验要求】

利用"动作"命令，使用批量处理实现多图片的画框效果。

【实验步骤】

1）在磁盘上新建一个文件夹，命名为"动作"，把所需要制作画框效果的所有图片复制到这个文件夹内，在 Photoshop CS6 中打开其中的一个文件，如图 7-26 所示。

图 7-26　素材图片

2）执行"窗口"→"动作"命令或按"Alt + F9"组合键打开动作面板。如图 7-27 所示。

图 7-27　打开动作面板

3）单击动作面板下方文件夹状的"创建新组"按钮，在弹出的面板中将动作组命名为"新建画框"，如图 7-28 所示。

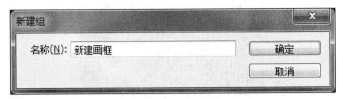

图 7-28　"新建组"对话框

4）单击动作面板上的"创建新动作"按钮新建一动作，并命名为"新画框效果动作"，功能键为"F5"，颜色为"绿色"，单击"记录"按钮开始进行"新画框效果动作"的录制，如图 7-29 所示。

图 7-29　创建"新画框效果动作"

5）选择"图像"→"图像大小"命令或按"Ctrl+Alt+I"组合键调整图像文档的大小为 400×300 像素，选中"缩放样式"和"约束比例"复选框，如图 7-30 所示。

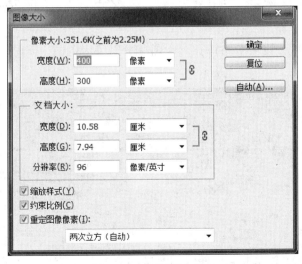

图 7-30　重设图像大小

6）在工具箱中选择"自定义形状"工具，在属性栏中选择形状图层，设置形状为"画框"，如图 7-31 所示。

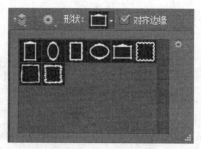

图 7-31　选择自定义形状

7）设置前景色为亮银色，在图像编辑区中拖动鼠标绘制画框形状，调整其大小和位置，如图 7-32 所示。

图 7-32　添加画框效果

8）打开图层面板，按住 Ctrl 键在形状图层上用鼠标单击，此时形状图层被载入选区，如图 7-33 所示。

图 7-33　将画框轮廓载入选区

9）选择选框工具，将画框内的图像部分选中，选择"选择"→"反向"命令或按"Ctrl+Shift+I"快捷键，使选区"选择反向"，如图 7-34 所示。

图 7-34　将画框中的图像增加入选区

10）反选之后，单击"图层"下拉菜单，选择"图层蒙版"的"隐藏选区"命令，将相框外的图像隐藏，如图 7-35 所示。

图 7-35　将画框外的图像利用"图层蒙版"进行隐藏

11）选中形状图层，打开"图层样式"对话框，设置"投影"样式，如图 7-36 所示。

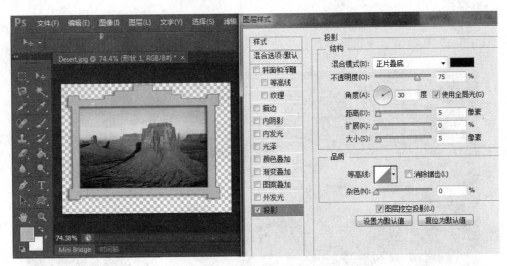

图 7-36   设置投影效果

12）设置"斜面和浮雕"样式，如图 7-37 所示。

图 7-37   设置斜面和浮雕效果

13）设置"光泽"样式，如图 7-38 所示。

14）设置图层样式后的效果如图 7-39 所示。

15）执行"文件"→"存储为"命令，将文件以 GIF 格式存储到一个新建的空文件夹中，文件名为"沙漠 .gif"。

16）关闭当前文档，在弹出的"是否保存"提示面板中选择"否"，如图 7-40 所示。

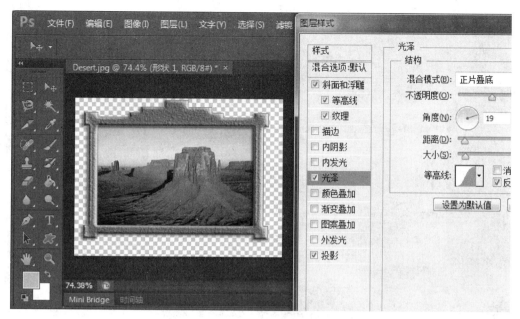

图 7-38　设置光泽效果

图 7-39　最终效果

17）按下动作面板下方的"停止播放 / 记录"按钮。结束"画框效果动作"的编辑。此时动作调板中已经记录下之前的所有操作，如图 7-41 所示。

图 7-40　关闭当前文档

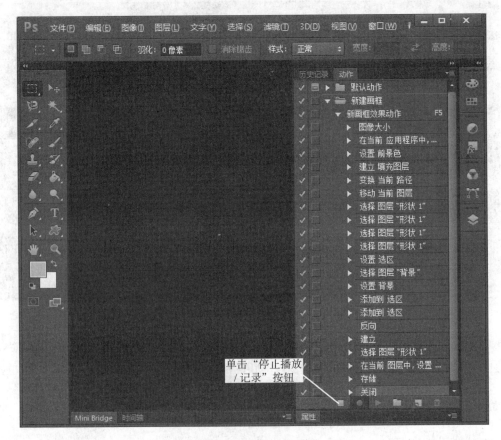

图 7-41　动作记录面板

18）运用自动批处理改变所有的图片，选择"文件"→"自动"→"批处理"命令，如图 7-42 所示。

图 7-42 选择自动 / 批处理命令

19）弹出"批处理"对话框，选择动作组为"新建画框"，动作为"新画框效果动作"。"源"文件地址选取需要修改的文件所存放的文件夹地址，"目标"文件地址选取修改后的文件所存储的文件夹地址，选中"覆盖动作中的'存储为'命令"复选框，在"文件命名"项内为修改后的文件命名，如图 7-43 所示，单击"确定"按钮开始动作的批量执行。

20）打开目标输出的文件夹就会看到如图 7-44 所示的最终效果。

批处理   ✕

播放
  组(T): 新建画框 ▾
  动作: 新画框效果动作 ▾

  源(O): 文件夹 ▾
    选择(C)...   H:\CNUwork\教材编写\全部书稿\多媒体技术（含素材和源文件）\多媒体技术素材\动作\
    ☐ 覆盖动作中的"打开"命令(R)
    ☐ 包含所有子文件夹(I)
    ☐ 禁止显示文件打开选项对话框(F)
    ☐ 禁止颜色配置文件警告(P)

  目标(D): 文件夹 ▾
    选择(H)...   H:\CNUwork\教材编写\全部书稿\多媒体技术（含素材和源文件）\多媒体技术素材\动作\相框\
    ☑ 覆盖动作中的"存储为"命令(V)
    文件命名
    示例: 我的文档.gif
    文档名称 ▾   +   扩展名（小写） ▾   +
                         ▾   +   ▾   +
                         ▾   +

    起始序列号: 1
    兼容性: ☑ Windows(W)   ☐ Mac OS(M)   ☐ Unix(U)

  错误(B): 由于错误而停止 ▾
    存储为(E)...

确定
复位

图 7-43　批处理设置

Desert.gif   Hydrangeas.gif   Tulips.gif   沙漠.gif

图 7-44　批处理之后的最终效果

推 荐 阅 读

大学计算机基础

作者：陈明 王锁柱 主编　ISBN：978-7-111-43767-3　定价：35.00元

数据库与数据处理：Access 2010实现

作者：张玉洁 孟祥武 编著　ISBN：978-7-111-40611-2　定价：35.00元

数据库原理及应用

作者：王丽艳 郑先锋 刘亮 编著　ISBN：978-7-111-40997-7　定价：33.00元

计算机网络教程　第2版

作者：熊建强 黄文斌 彭庆喜 主编　ISBN：978-7-111-38804-3　定价：39.00元

Access 2010数据库程序设计教程

作者：熊建强 吴保珍 黄文斌 主编　ISBN：978-7-111-43681-2　定价：39.00元

推荐阅读

C++程序设计教程 第2版
作者：王珊珊 等 ISBN：978-7-111-33022-6 定价：36.00元

数据库原理与应用教程 第3版
作者：何玉洁 等 ISBN：978-7-111-31204-8 定价：29.80元

Linux系统应用与开发教程 第2版
作者：刘海燕 等 ISBN：978-7-111-30474-6 定价：29.00元

Visual C++教程 第2版
作者：郑阿奇 ISBN：978-7-111-24509-4 定价：36.00元

Access数据库应用教程
作者：朱翠娥 等 ISBN：978-7-111-33023-3 定价：29.80元

ASP.NET程序设计教程 第2版
作者：郑阿奇 ISBN：978-7-111-33647-1 定价：39.00元

网络数据库技术应用
作者：周玲艳 等 ISBN：978-7-111-24609-1 定价：25.00元

Linux网络技术基础
作者：孙建华 ISBN：978-7-111-24610-7 定价：32.00元

Visual Basic 程序设计教程
作者：邹 晓 ISBN：978-7-111-25530-7 定价：32.00元

网页制作教程
作者：尤 克 等 ISBN：978-7-111-24608-4 定价：28.00元

C# 程序设计教程 第2版
作者：郑阿奇 等 ISBN：978-7-111-34942-6 定价：35.00元

Visual FoxPro 数据库与程序设计教程
作者：张 莹 ISBN：978-7-111-20561-6 定价：28.00元

计算机软件技术基础
作者：沈朝辉 ISBN：978-7-111-21554-7 定价：26.00元